1+X 职业技能鉴定考核指导手册

瓜果栽培工

五级

编审委员会

主　任　仇朝东

委　员　葛恒双　顾卫东　宋志宏　杨武星　孙兴旺　刘汉成　葛　玮

执行委员　孙兴旺　张鸿樑　李　晔　瞿伟洁

中国劳动社会保障出版社

图书在版编目(CIP)数据

瓜果栽培工：五级/上海市职业培训研究发展中心组织编写. —北京：中国劳动社会保障出版社，2010

1+X 职业技能鉴定考核指导手册

ISBN 978-7-5045-8771-8

Ⅰ.①瓜… Ⅱ.①上… Ⅲ.①瓜类蔬菜-蔬菜园艺-职业技能鉴定-自学参考资料②果树园艺-职业技能鉴定-自学参考资料 Ⅳ.①S6

中国版本图书馆 CIP 数据核字(2010)第 238046 号

中国劳动社会保障出版社出版发行

(北京市惠新东街 1 号 邮政编码：100029)

出 版 人：张梦欣

*

北京市艺辉印刷有限公司印刷装订 新华书店经销

787 毫米×960 毫米 16 开本 5.5 印张 88 千字

2011 年 1 月第 1 版 2011 年 1 月第 1 次印刷

定价：11.00 元

读者服务部电话：010-64929211/64921644/84643933

发行部电话：010-64961894

出版社网址：http://www.class.com.cn

前　言

职业资格证书制度的推行，对广大劳动者系统地学习相关职业的知识和技能，提高就业能力、工作能力和职业转换能力有着重要的作用和意义，也为企业合理用工以及劳动者自主择业提供了依据。

随着我国科技进步、产业结构调整以及市场经济的不断发展，特别是加入世界贸易组织以后，各种新兴职业不断涌现，传统职业的知识和技术也愈来愈多地融进当代新知识、新技术、新工艺的内容。为适应新形势的发展，优化劳动力素质，上海市人力资源和社会保障局在提升职业标准、完善技能鉴定方面做了积极的探索和尝试，推出了1＋X培训鉴定模式。1＋X中的1代表国家职业标准，X是为适应上海市经济发展的需要，对职业标准进行的提升，包括了对职业的部分知识和技能要求进行的扩充和更新。上海市1＋X的培训鉴定模式，得到了国家人力资源和社会保障部的肯定。

为配合上海市开展的1＋X培训与鉴定考核的需要，使广大职业培训鉴定领域专家以及参加职业培训鉴定的考生对考核内容和具体考核要求有一个全面的了解，人力资源和社会保障部教材办公室、中国就业培训技术指导中心上海分中心、上海市职业培训研究发展中心联合组织有关方面的专家、技术人员共同编写了《1＋X职业技能鉴定考核指导手册》。该手册由“理论知识复习题”“操作技能复习题”和“理论知识模拟试卷及操作技能模拟试卷”三大块内容组成，书中介绍了题库的命题依据、试卷结构和题型题量，同时从上海市1+X鉴定题库中抽取部分理论知识题、操作技能试题和模拟样卷供考生参考和练习，便于考生能够有针对性地进行考前复习准备。今后我们会随着国家职业标准以及鉴定题库的提升，逐步对手册内容进行补充和完善。

本系列手册在编写过程中，得到了有关专家和技术人员的大力支持，在此一并表示感谢。

由于时间仓促，缺乏经验，如有不足之处，恳请各使用单位和个人提出宝贵意见和建议。

1+X职业技能鉴定考核指导手册

编审委员会

目　录

CONTENTS　1+X 职业技能鉴定考核指导手册

瓜果栽培工职业简介

一、职业名称

瓜果栽培工。

二、职业定义

从事瓜果作物地块耕整、土壤改良、棚室修造、繁种育苗、栽培管理、收获储藏、产后处理等生产活动的人员。

三、主要工作内容

从事的工作主要包括：(1) 对瓜果作物地块土壤进行耕耙、修整和改良；(2) 建造、维修、管理温室和塑料棚及其他园艺设施；(3) 进行瓜果的选种、引种及良种繁育；(4) 进行播种、育苗、定苗、栽插、嫁接等；(5) 进行施肥、浇水、除草、整枝、插架、绑蔓、病虫害防治等田间管理；(6) 采收瓜果产品；(7) 对采收的产品进行分级、清洗、整理、包装等初加工；(8) 进行瓜果储存及种子的保存；(9) 保养、整修从事瓜果作物生产的物资及工具。

第 1 部分

瓜果栽培工（五级）鉴定方案

一、鉴定方式

瓜果栽培工（五级）的鉴定方式为操作技能考核。操作技能考核采用现场实际操作方式。考核实行百分制，成绩达 60 分及以上者为合格，成绩不及格者可按规定补考。

二、操作技能考核方案

考核项目表

<table>
<tr><td colspan="2">职业（工种）名称</td><td colspan="2">瓜果栽培工</td><td rowspan="2">等级</td><td colspan="3" rowspan="2">五级</td></tr>
<tr><td colspan="2">职业代码</td><td colspan="2"></td></tr>
<tr><td>序号</td><td>项目名称</td><td>单元编号</td><td>单元内容</td><td>考核方式</td><td>选考方法</td><td>考核时间（min）</td><td>配分（分）</td></tr>
<tr><td rowspan="5">1</td><td rowspan="5">瓜果栽培基础</td><td>1</td><td>春季苗床的制作</td><td>操作</td><td rowspan="2">抽一</td><td rowspan="2">30</td><td rowspan="2">20</td></tr>
<tr><td>2</td><td>育苗营养土配制</td><td>操作</td></tr>
<tr><td>3</td><td>作畦和定植</td><td>操作</td><td rowspan="3">抽一</td><td rowspan="3">30</td><td rowspan="3">20</td></tr>
<tr><td>4</td><td>瓜果常见生理病害识别</td><td>操作</td></tr>
<tr><td>5</td><td>农药配制及喷施技术</td><td>操作</td></tr>
<tr><td rowspan="3">2</td><td rowspan="3">西瓜栽培技术</td><td>1</td><td>西瓜整枝技术</td><td>操作</td><td rowspan="3">抽一</td><td rowspan="3">30</td><td rowspan="3">30</td></tr>
<tr><td>2</td><td>西瓜嫁接技术</td><td>操作</td></tr>
<tr><td>3</td><td>西瓜常见病虫害识别</td><td>操作</td></tr>
</table>

续表

<table>
<tr><td colspan="2">职业（工种）名称</td><td colspan="2">瓜果栽培工</td><td rowspan="2">等级</td><td colspan="4" rowspan="2">五级</td></tr>
<tr><td colspan="2">职业代码</td><td colspan="2"></td></tr>
<tr><td>序号</td><td>项目名称</td><td>单元编号</td><td>单元内容</td><td>考核方式</td><td colspan="2">选考方法</td><td>考核时间(min)</td><td>配分(分)</td></tr>
<tr><td rowspan="4">3</td><td rowspan="4">甜瓜栽培技术</td><td>1</td><td>甜瓜春季播种育苗</td><td>操作</td><td rowspan="4">抽一</td><td rowspan="8">二选一</td><td rowspan="8">30</td><td rowspan="8">30</td></tr>
<tr><td>2</td><td>甜瓜夏季育苗技术</td><td>操作</td></tr>
<tr><td>3</td><td>甜瓜立架栽培整枝技术</td><td>操作</td></tr>
<tr><td>4</td><td>甜瓜常见病虫害识别</td><td>操作</td></tr>
<tr><td rowspan="4">4</td><td rowspan="4">草莓栽培技术</td><td>1</td><td>草莓育苗方法</td><td>操作</td><td rowspan="4">抽一</td></tr>
<tr><td>2</td><td>观察花芽分化的方法</td><td>操作</td></tr>
<tr><td>3</td><td>草莓的定植</td><td>操作</td></tr>
<tr><td>4</td><td>草莓主要病虫害的发生和防治</td><td>操作</td></tr>
<tr><td colspan="7">合计</td><td>120</td><td>100</td></tr>
<tr><td>备注</td><td colspan="8">所有鉴定项目一般情况下不受季节限制，但需注意以下两点：
1. 需要鉴定所（站）事先准备的苗等材料，应提前与鉴定所（站）联系准备
2. 若在冬季（12 月至次年 2 月）实施鉴定，则应提前在秋季通知鉴定所（站）准备大棚，将西瓜和甜瓜苗定植好。如没有事先准备，则冬季不能实施鉴定</td></tr>
</table>

第2部分

操作技能复习题

瓜果栽培基础

一、育苗培养土配制（土∶肥＝2∶1）（试题代码：1.2.1①；考核时间：30 min）

1. 试题单

（1）操作条件

1）30～50 m² 的保护地设苗床操作场地。

2）腐熟、干燥的有机肥。

3）8 cm×8 cm 空营养钵 100 个，钉耙、铁锹等必要农具。

4）已筛细的田园土。

（2）操作内容

1）把田园土、有机肥用筛子筛细。

2）按“土∶有机肥＝2∶1”拌匀配制。

3）装钵。

4）整齐排列在苗床中。

（3）操作要求

① 试题代码表示该试题在操作技能考核方案表格中的所属位置。左起第一位表示项目号，第二位表示单元号，第三位表示在该项目、单元下的第几个试题。

1）营养土要拌匀。

2）营养钵内的营养土装 80％满。

3）装钵后按苗床宽度放置 20 个营养钵。

2. 评分表

<table>
<tr><td colspan="2">试题代码及名称</td><td colspan="3">1.2.1 育苗培养土配制（土：肥＝2：1）</td><td colspan="3">考核时间</td><td colspan="3">30 min</td></tr>
<tr><td colspan="2" rowspan="2">评价要素</td><td rowspan="2">配分</td><td rowspan="2">等级</td><td rowspan="2">评分细则</td><td colspan="5">评定等级</td><td rowspan="2">得分</td></tr>
<tr><td>A</td><td>B</td><td>C</td><td>D</td><td>E</td></tr>
<tr><td rowspan="5">1</td><td rowspan="5">配制材料筛细：
田园土、有机肥用筛子筛细</td><td rowspan="5">6</td><td>A</td><td>完全符合要求</td><td rowspan="5"></td><td rowspan="5"></td><td rowspan="5"></td><td rowspan="5"></td><td rowspan="5"></td><td rowspan="5"></td></tr>
<tr><td>B</td><td>粗细一致、均匀</td></tr>
<tr><td>C</td><td>粗细一致、较均匀</td></tr>
<tr><td>D</td><td>粗细不一致、不均匀</td></tr>
<tr><td>E</td><td>未答题</td></tr>
<tr><td rowspan="5">2</td><td rowspan="5">配制比例：
按要求比例配制</td><td rowspan="5">6</td><td>A</td><td>完全正确</td><td rowspan="5"></td><td rowspan="5"></td><td rowspan="5"></td><td rowspan="5"></td><td rowspan="5"></td><td rowspan="5"></td></tr>
<tr><td>B</td><td>基本正确</td></tr>
<tr><td>C</td><td>误差较小</td></tr>
<tr><td>D</td><td>误差较大</td></tr>
<tr><td>E</td><td>差或未答题</td></tr>
<tr><td rowspan="5">3</td><td rowspan="5">混合、装钵：
营养土拌匀，装钵</td><td rowspan="5">6</td><td>A</td><td>营养土拌匀，装钵量正确</td><td rowspan="5"></td><td rowspan="5"></td><td rowspan="5"></td><td rowspan="5"></td><td rowspan="5"></td><td rowspan="5"></td></tr>
<tr><td>B</td><td>营养土拌匀，装钵量基本正确</td></tr>
<tr><td>C</td><td>营养土基本拌匀，装钵量基本正确</td></tr>
<tr><td>D</td><td>营养土未拌匀，装钵量基本正确</td></tr>
<tr><td>E</td><td>差或未答题</td></tr>
<tr><td rowspan="5">4</td><td rowspan="5">文明操作与安全：
操作规范、安全、文明，场地整洁</td><td rowspan="5">2</td><td>A</td><td>操作规范、场地整洁、操作工具摆放安全</td><td rowspan="5"></td><td rowspan="5"></td><td rowspan="5"></td><td rowspan="5"></td><td rowspan="5"></td><td rowspan="5"></td></tr>
<tr><td>B</td><td>操作规范、场地较整洁、操作工具摆放安全</td></tr>
<tr><td>C</td><td>操作规范、场地部分不整洁、操作工具摆放安全</td></tr>
<tr><td>D</td><td>操作规范、场地部分不整洁，且操作工具摆放不安全</td></tr>
<tr><td>E</td><td>差或未答题</td></tr>
<tr><td colspan="2">合计配分</td><td>20</td><td colspan="7">合计得分</td><td></td></tr>
</table>

等级	A（优）	B（良）	C（及格）	D（较差）	E（差或未答题）
比值	1.0	0.8	0.6	0.2	0

“评价要素”得分＝配分×等级比值。

二、育苗培养土配制（土：肥＝3：1）（试题代码：1.2.2；考核时间：30 min）

1. 试题单

（1）操作条件

1）30～50 m^2 的保护地设苗床操作场地。

2）腐熟、干燥的有机肥。

3）8 cm×8 cm 空营养钵 100 个，钉耙、铁锹等必要农具。

4）已筛细的田园土。

（2）操作内容

1）把田园土、有机肥用筛子筛细。

2）按“土：有机肥＝3：1”拌匀配制。

3）装钵。

4）整齐排列在苗床中。

（3）操作要求

1）营养土要拌匀。

2）营养钵内的营养土装 80%满。

3）装钵后按苗床宽度放置 20 个营养钵。

2. 评分表

试题代码及名称		1.2.2 育苗培养土配制（土：肥＝3：1）			考核时间	30 min				
评价要素		配分	等级	评分细则	评定等级					得分
					A	B	C	D	E	
1	配制材料筛细：田园土、有机肥用筛子筛细	6	A	完全符合要求						
			B	粗细一致、均匀						
			C	粗细一致、较均匀						
			D	粗细不一致、不均匀						
			E	未答题						

续表

试题代码及名称		1.2.2 育苗培养土配制（土：肥＝3：1）			考核时间		30 min			
评价要素		配分	等级	评分细则	评定等级					得分
					A	B	C	D	E	
2	配制比例：按要求比例配制	6	A	完全正确						
			B	基本正确						
			C	误差较小						
			D	误差较大						
			E	差或未答题						
3	混合、装钵：营养土拌匀，装钵	6	A	营养土拌匀，装钵量正确						
			B	营养土拌匀，装钵量基本正确						
			C	营养土基本拌匀，装钵量基本正确						
			D	营养土未拌匀，装钵量基本正确						
			E	差或未答题						
4	文明操作与安全：操作规范、安全、文明，场地整洁	2	A	操作规范、场地整洁、操作工具摆放安全						
			B	操作规范、场地较整洁、操作工具摆放安全						
			C	操作规范、场地部分不整洁、操作工具摆放安全						
			D	操作规范、场地部分不整洁，且操作工具摆放不安全						
			E	差或未答题						
合计配分		20		合计得分						

等级	A（优）	B（良）	C（及格）	D（较差）	E（差或未答题）
比值	1.0	0.8	0.6	0.2	0

“评价要素”得分＝配分×等级比值。

三、作畦和定植（试题代码：1.3.1；考核时间：30 min）

1. 试题单

（1）操作条件

1）1 个标准大棚操作场地。

2）钉耙、铁锹、绳子等必要农具。

3）打洞机、育成的瓜苗、水桶等实物。

（2）操作内容

1）用绳子把大棚田块纵向平均分成 2 部分，作畦 8 m，定植 10 株苗。

2）作成 20 cm 高的畦子。

3）用打洞机打定植穴，株距 40 cm。

4）把瓜苗放入定植穴内，用细土压实。

5）在定植苗穴内浇足水。

（3）操作要求

1）作畦要直，畦面土要细，畦面要平。

2）定植穴深度在 10 cm 左右。

3）定植后苗周围要放细土并压实，浇水后不能有空隙。

2. 评分表

试题代码及名称		1.3.1 作畦和定植			考核时间			30 min		
评价要素		配分	等级	评分细则	评定等级					得分
					A	B	C	D	E	
1	作畦： 作畦要直，畦面土要细，畦面要平	6	A	畦面、操作沟完全符合定植要求						
			B	畦面、操作沟基本符合定植要求						
			C	畦面基本符合定植要求，操作沟不直、过浅						
			D	畦面不符合定植要求，操作沟不直、过浅						
			E	未答题						
2	定植浇水： 定植后苗周围要放细土并压实，浇水后不能有空隙	6	A	完全按要求操作						
			B	定植苗周围细土基本压实，浇水方式正确						
			C	定植苗周围细土基本压实，浇水方式基本正确						
			D	定植苗周围细土不压实，浇水方式基本正确						
			E	差或未答题						

续表

<table>
<tr><td colspan="2">试题代码及名称</td><td colspan="3">1.3.1 作畦和定植</td><td colspan="3">考核时间</td><td colspan="3">30 min</td></tr>
<tr><td colspan="2" rowspan="2">评价要素</td><td rowspan="2">配分</td><td rowspan="2">等级</td><td rowspan="2">评分细则</td><td colspan="5">评定等级</td><td rowspan="2">得分</td></tr>
<tr><td>A</td><td>B</td><td>C</td><td>D</td><td>E</td></tr>
<tr><td rowspan="5">3</td><td rowspan="5">熟练程度：
作畦 8 m，定植 10 株苗</td><td rowspan="5">6</td><td>A</td><td>全部完成</td><td rowspan="5"></td><td rowspan="5"></td><td rowspan="5"></td><td rowspan="5"></td><td rowspan="5"></td><td rowspan="5"></td></tr>
<tr><td>B</td><td>完成 70%以上</td></tr>
<tr><td>C</td><td>完成 50%～70%</td></tr>
<tr><td>D</td><td>完成 20%～50%</td></tr>
<tr><td>E</td><td>差或未答题</td></tr>
<tr><td rowspan="5">4</td><td rowspan="5">文明操作与安全：
操作规范、安全、文明，场地整洁</td><td rowspan="5">2</td><td>A</td><td>操作规范、场地整洁、操作工具摆放安全</td><td rowspan="5"></td><td rowspan="5"></td><td rowspan="5"></td><td rowspan="5"></td><td rowspan="5"></td><td rowspan="5"></td></tr>
<tr><td>B</td><td>操作规范、场地较整洁、操作工具摆放安全</td></tr>
<tr><td>C</td><td>操作规范、场地部分不整洁、操作工具摆放安全</td></tr>
<tr><td>D</td><td>操作规范、场地部分不整洁，且操作工具摆放不安全</td></tr>
<tr><td>E</td><td>差或未答题</td></tr>
<tr><td colspan="2">合计配分</td><td>20</td><td colspan="7">合计得分</td><td></td></tr>
</table>

等级	A（优）	B（良）	C（及格）	D（较差）	E（差或未答题）
比值	1.0	0.8	0.6	0.2	0

“评价要素”得分＝配分×等级比值。

四、瓜果常见生理病害（缺氮等）识别（试题代码：1.4.1；考核时间：30 min）

1. 试题单

（1）操作条件

1）50 m² 左右的教室或 100 m² 左右操作场地。

2）识别生理病害的实物、照片或放映幻灯片的设备等。

3）放置实物或标本的操作台若干。

（2）操作内容

1）识别 2 种瓜果生理病害。常见生理病害：缺氮、缺钙、缺钾。

2）防治方法。

（3）操作要求

1）根据实物标本、照片或幻灯片回答所列出的生理病害。

2）根据所回答的生理病害名称指出用何种防治方法。

缺氮症

缺钙症

缺钾症

2. 评分表

试题代码及名称		1.4.1 瓜果常见生理病害（缺氮等）识别			考核时间		30 min			
评价要素		配分	等级	评分细则	评定等级					得分
					A	B	C	D	E	
1	症状识别：正确识别2种生理性病害症状	10	A	正确识别2种以上（含2种）						
			B	正确识别1种						
			C	经提示，能识别1种						
			D	误差较大						
			E	差或未答题						

续表

<table>
<tr><td>试题代码及名称</td><td colspan="3">1.4.1 瓜果常见生理病害（缺氮等）识别</td><td colspan="3">考核时间</td><td colspan="4">30 min</td></tr>
<tr><td colspan="2" rowspan="2">评价要素</td><td rowspan="2">配分</td><td rowspan="2">等级</td><td rowspan="2">评分细则</td><td colspan="5">评定等级</td><td rowspan="2">得分</td></tr>
<tr><td>A</td><td>B</td><td>C</td><td>D</td><td>E</td></tr>
<tr><td rowspan="5">2</td><td rowspan="5">防治：
正确指出2种生理性病害的主要防治方法</td><td rowspan="5">10</td><td>A</td><td>正确指出2种以上（含2种）</td><td rowspan="5"></td><td rowspan="5"></td><td rowspan="5"></td><td rowspan="5"></td><td rowspan="5"></td><td rowspan="5"></td></tr>
<tr><td>B</td><td>正确指出1种</td></tr>
<tr><td>C</td><td>经提示，能指出1种防治方法</td></tr>
<tr><td>D</td><td>误差较大</td></tr>
<tr><td>E</td><td>差或未答题</td></tr>
<tr><td colspan="2">合计配分</td><td>20</td><td colspan="7">合计得分</td><td></td></tr>
</table>

等级	A（优）	B（良）	C（及格）	D（较差）	E（差或未答题）
比值	1.0	0.8	0.6	0.2	0

“评价要素”得分＝配分×等级比值。

五、瓜果常见生理病害（缺磷等）识别（试题代码：1.4.2；考核时间：30 min）

1. 试题单

（1）操作条件

1）50 m^2 左右的教室或 100 m^2 左右操作场地。

2）识别生理病害的实物、照片或放映幻灯片的设备等。

3）放置实物或标本的操作台若干。

（2）操作内容

1）识别2种瓜果生理病害。常见生理病害：缺磷、缺钙、缺钾。

2）防治方法。

（3）操作要求

1）根据实物标本、照片或幻灯片回答所列出的生理病害。

2）根据所回答的生理病害名称指出用何种防治方法。

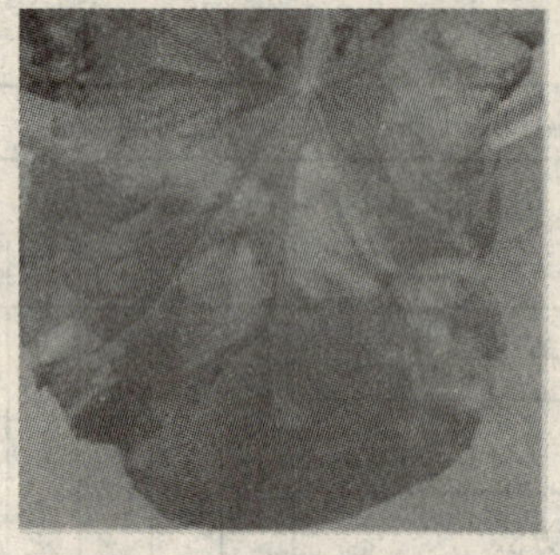

缺磷症

缺钙症

缺钾症

2. 评分表

试题代码及名称		1.4.2 瓜果常见生理病害（缺磷等）识别			考核时间			30 min		
评价要素		配分	等级	评分细则	评定等级					得分
					A	B	C	D	E	
1	症状识别： 正确识别 2 种生理性病害症状	10	A	正确识别 2 种以上（含 2 种）						
			B	正确识别 1 种						
			C	经提示，能识别 1 种						
			D	误差较大						
			E	差或未答题						
2	防治： 正确指出 2 种生理性病害的主要防治方法	10	A	正确指出 2 种以上（含 2 种）						
			B	正确指出 1 种						
			C	经提示，能指出 1 种防治方法						
			D	误差较大						
			E	差或未答题						
合计配分		20	合计得分							

等级	A（优）	B（良）	C（及格）	D（较差）	E（差或未答题）
比值	1.0	0.8	0.6	0.2	0

“评价要素”得分＝配分×等级比值。

六、瓜果常见生理病害（缺钾等）识别（试题代码：1.4.3；考核时间：30 min）

1. 试题单

（1）操作条件

1）50 m^2 左右的教室或 100 m^2 左右操作场地。

2）识别生理病害的实物、照片或放映幻灯片的设备等。

3）放置实物或标本的操作台若干。

（2）操作内容

1）识别 2 种瓜果生理病害。常见生理病害：缺钾、缺氮、缺磷。

2）防治方法。

（3）操作要求

1）根据实物标本、照片或幻灯片回答所列出的生理病害。

2）根据所回答的生理病害名称指出用何种防治方法。

缺钾症

缺氮症

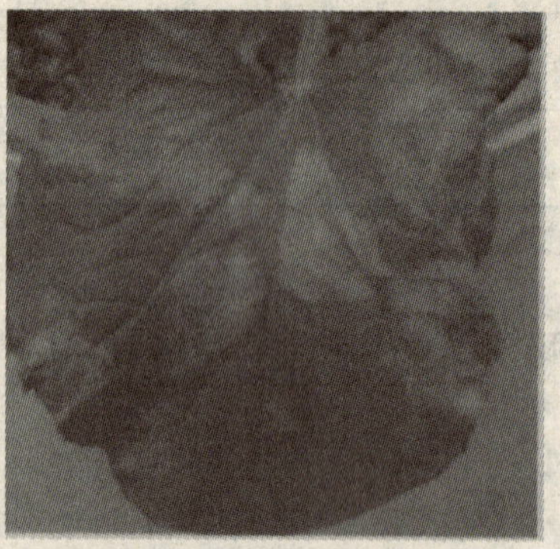

缺磷症

2. 评分表

试题代码及名称		1.4.3 瓜果常见生理病害（缺钾等）识别			考核时间		30 min			
评价要素		配分	等级	评分细则	评定等级					得分
					A	B	C	D	E	
1	症状识别： 正确识别 2 种生理性病害症状	10	A	正确识别 2 种以上（含 2 种）						
			B	正确识别 1 种						
			C	经提示，能识别 1 种						
			D	误差较大						
			E	差或未答题						
2	防治： 正确指出 2 种生理性病害的主要防治方法	10	A	正确指出 2 种以上（含 2 种）						
			B	正确指出 1 种						
			C	经提示，能指出 1 种防治方法						
			D	误差较大						
			E	差或未答题						
合计配分		20	合计得分							

等级	A（优）	B（良）	C（及格）	D（较差）	E（差或未答题）
比值	1.0	0.8	0.6	0.2	0

“评价要素”得分＝配分×等级比值。

七、瓜果常见生理病害（缺钙等）识别（试题代码：1.4.4；考核时间：30 min）

1. 试题单

（1）操作条件

1）50 m^2 左右的教室或 100 m^2 左右操作场地。

2）识别生理病害的实物、照片或放映幻灯片的设备等。

3）放置实物或标本的操作台若干。

（2）操作内容

1）识别瓜果 2 种生理病害。常见生理病害：缺钙、缺氮、缺磷。

2）防治方法。

（3）操作要求

1）根据实物标本、照片或幻灯片回答所列出的生理病害。

2）根据所回答的生理病害名称指出用何种防治方法。

缺钙症

缺氮症

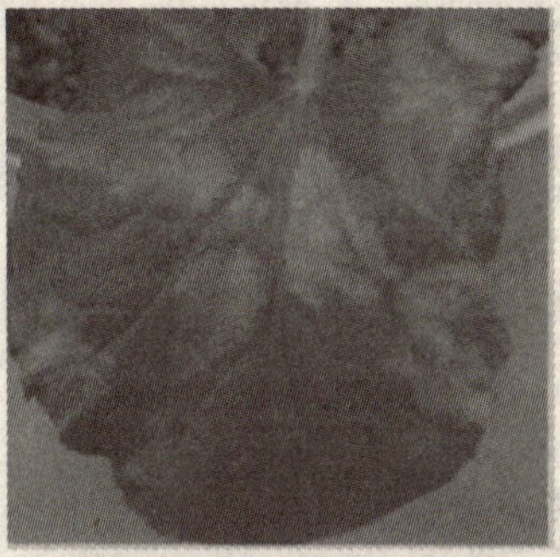

缺磷症

2. 评分表

试题代码及名称		1.4.4 瓜果常见生理病害（缺钙等）识别								考核时间	30 min
评价要素		配分	等级	评分细则	评定等级					得分	
					A	B	C	D	E		
1	症状识别：正确识别 2 种生理性病害症状	10	A	正确识别 2 种以上（含 2 种）							
			B	正确识别 1 种							
			C	经提示，能识别 1 种							
			D	误差较大							
			E	差或未答题							
2	防治：正确指出 2 种生理性病害的主要防治方法	10	A	正确指出 2 种以上（含 2 种）							
			B	正确指出 1 种							
			C	经提示，能指出 1 种防治方法							
			D	误差较大							
			E	差或未答题							
合计配分		20		合计得分							

等级	A（优）	B（良）	C（及格）	D（较差）	E（差或未答题）
比值	1.0	0.8	0.6	0.2	0

“评价要素”得分＝配分×等级比值。

八、农药配制及喷施技术（1 000 倍）（试题代码：1.5.2；考核时间：30 min）

1. 试题单

（1）操作条件

1）100 m^2 左右的田间场地，栽有瓜类植物。

2）15 kg 容量的喷雾器、量杯、五种农药（或替代品）、清水、扭力天平等实物。

3）放置实物的操作台。

（2）操作内容

1）把一种粉剂农药配制成药液喷施。

2）药液 5 kg，按 1∶1 000 的比例配制。

3）用天平量取正确的农药数量。

4）配制后正确均匀地喷施在植株上。

（3）操作要求

1）计算、称量要正确。

2）农药要搅拌得很均匀。

3）喷施农药时要注意风向及喷雾枪头的方向。

2. 评分表

试题代码及名称		1.5.2 农药配制及喷施技术（1 000 倍）			考核时间		30 min			
评价要素		配分	等级	评分细则	评定等级					得分
					A	B	C	D	E	
1	计算、称量：计算、称量要正确	6	A	完全正确						
			B	农药称量误差在30%以下						
			C	农药称量误差在30%～50%						
			D	农药称量误差在50%以上						
			E	差或未答题						
2	溶解搅拌：农药兑水溶解，并搅拌得很均匀	4	A	能配制母液，达到稀释浓度，搅拌均匀						
			B	基本能配制母液，达到稀释浓度，搅拌均匀						
			C	基本达到稀释浓度，搅拌基本均匀						
			D	达到稀释浓度、搅拌不均匀，或未达到稀释浓度、搅拌均匀						
			E	差或未答题						
3	喷施：喷施的雾点要细，各叶片上药液要均匀一致，并注意风向及喷雾枪头的方向	8	A	操作完全正确						
			B	喷施方法正确，叶片上药液基本均匀一致						
			C	喷施方法基本正确，叶片上药液基本均匀一致						
			D	喷施方法不正确，叶片上药液基本均匀一致						
			E	差或未答题						

续表

试题代码及名称		1.5.2 农药配制及喷施技术（1 000 倍）			考核时间		30 min			
评价要素		配分	等级	评分细则	评定等级					得分
					A	B	C	D	E	
4	文明操作与安全：操作规范、安全、文明，场地整洁	2	A	操作规范、场地整洁、操作工具摆放安全						
			B	操作规范、场地较整洁、操作工具摆放安全						
			C	操作规范、场地部分不整洁、操作工具摆放安全						
			D	操作规范、场地部分不整洁，且操作工具摆放不安全						
			E	差或未答题						
合计配分		20	合计得分							

等级	A（优）	B（良）	C（及格）	D（较差）	E（差或未答题）
比值	1.0	0.8	0.6	0.2	0

“评价要素”得分＝配分×等级比值。

九、农药配制及喷施技术（1 500 倍）（试题代码：1.5.3；考核时间：30 min）

1. 试题单

（1）操作条件

1）100 m^2 左右的田间场地，栽有瓜类植物。

2）15 kg 容量的喷雾器、量杯、五种农药（或替代品）、清水、扭力天平等实物。

3）放置实物的操作台。

（2）操作内容

1）把一种粉剂农药配制成药液喷施。

2）药液 5 kg，按 1∶1 500 的比例配制。

3）用天平量取正确的农药数量。

4）配制后正确均匀地喷施在植株上。

（3）操作要求

1）计算、称量要正确。

2）农药要搅拌得很均匀。

3）喷施农药时要注意风向及喷雾枪头的方向。

4）喷施的雾点要细，各叶片上药液要均匀一致。

2. 评分表

<table>
<tr><td colspan="2">试题代码及名称</td><td colspan="3">1.5.3 农药配制及喷施技术（1 500 倍）</td><td colspan="3">考核时间</td><td colspan="3">30 min</td></tr>
<tr><td colspan="2" rowspan="2">评价要素</td><td rowspan="2">配分</td><td rowspan="2">等级</td><td rowspan="2">评分细则</td><td colspan="5">评定等级</td><td rowspan="2">得分</td></tr>
<tr><td>A</td><td>B</td><td>C</td><td>D</td><td>E</td></tr>
<tr><td rowspan="5">1</td><td rowspan="5">计算、称量：
计算、称量要正确</td><td rowspan="5">6</td><td>A</td><td>完全正确</td><td rowspan="5"></td><td rowspan="5"></td><td rowspan="5"></td><td rowspan="5"></td><td rowspan="5"></td><td rowspan="5"></td></tr>
<tr><td>B</td><td>农药称量误差在 30%以下</td></tr>
<tr><td>C</td><td>农药称量误差在 30%～50%</td></tr>
<tr><td>D</td><td>农药称量误差在 50%以上</td></tr>
<tr><td>E</td><td>差或未答题</td></tr>
<tr><td rowspan="5">2</td><td rowspan="5">溶解搅拌：
农药兑水溶解，并搅拌得很均匀</td><td rowspan="5">4</td><td>A</td><td>能配制母液，达到稀释浓度，搅拌均匀</td><td rowspan="5"></td><td rowspan="5"></td><td rowspan="5"></td><td rowspan="5"></td><td rowspan="5"></td><td rowspan="5"></td></tr>
<tr><td>B</td><td>基本能配制母液，达到稀释浓度，搅拌均匀</td></tr>
<tr><td>C</td><td>基本达到稀释浓度，搅拌基本均匀</td></tr>
<tr><td>D</td><td>达到稀释浓度、搅拌不均匀，或未达到稀释浓度、搅拌均匀</td></tr>
<tr><td>E</td><td>差或未答题</td></tr>
<tr><td rowspan="5">3</td><td rowspan="5">喷施：
喷施的雾点要细，各叶片上药液要均匀一致，并注意风向及喷雾枪头的方向</td><td rowspan="5">8</td><td>A</td><td>操作完全正确</td><td rowspan="5"></td><td rowspan="5"></td><td rowspan="5"></td><td rowspan="5"></td><td rowspan="5"></td><td rowspan="5"></td></tr>
<tr><td>B</td><td>喷施方法正确，叶片上药液基本均匀一致</td></tr>
<tr><td>C</td><td>喷施方法基本正确，叶片上药液基本均匀一致</td></tr>
<tr><td>D</td><td>喷施方法不正确，叶片上药液基本均匀一致</td></tr>
<tr><td>E</td><td>差或未答题</td></tr>
</table>

续表

试题代码及名称		1.5.3 农药配制及喷施技术（1 500 倍）			考核时间		30 min			
评价要素		配分	等级	评分细则	评定等级					得分
					A	B	C	D	E	
4	文明操作与安全：操作规范、安全、文明，场地整洁	2	A	操作规范、场地整洁、操作工具摆放安全						
			B	操作规范、场地较整洁、操作工具摆放安全						
			C	操作规范、场地部分不整洁、操作工具摆放安全						
			D	操作规范、场地部分不整洁，且操作工具摆放不安全						
			E	差或未答题						
合计配分		20	合计得分							

等级	A（优）	B（良）	C（及格）	D（较差）	E（差或未答题）
比值	1.0	0.8	0.6	0.2	0

“评价要素”得分＝配分×等级比值。

十、农药配制及喷施技术（2 000 倍）（试题代码：1.5.4；考核时间：30 min）

1. 试题单

（1）操作条件

1）100 m^2 左右的田间场地，栽有瓜类植物。

2）15 kg 容量的喷雾器、量杯、五种农药（或替代品）、清水、扭力天平等实物。

3）放置实物的操作台。

（2）操作内容

1）把一种粉剂农药配制成药液喷施。

2）药液 5 kg，按 1∶2 000 的比例配制。

3）用天平量取正确的农药数量。

4）配制后正确均匀地喷施在植株上。

（3）操作要求

1）计算、称量要正确。

2）农药要搅拌得很均匀。

3）喷施农药时要注意风向及喷雾枪头的方向。

4）喷施的雾点要细，各叶片上药液要均匀一致。

2. 评分表

试题代码及名称		1.5.4 农药配制及喷施技术（2 000 倍）			考核时间		30 min			
评价要素		配分	等级	评分细则	评定等级					得分
					A	B	C	D	E	
1	计算、称量： 计算、称量要正确	6	A	完全正确						
			B	农药称量误差在 30%以下						
			C	农药称量误差在 30%～50%						
			D	农药称量误差在 50%以上						
			E	差或未答题						
2	溶解搅拌： 农药兑水溶解，并搅拌得很均匀	4	A	能配制母液，达到稀释浓度，搅拌均匀						
			B	基本能配制母液，达到稀释浓度，搅拌均匀						
			C	基本达到稀释浓度，搅拌基本均匀						
			D	达到稀释浓度、搅拌不均匀，或未达到稀释浓度、搅拌均匀						
			E	差或未答题						
3	喷施： 喷施的雾点要细，各叶片上药液要均匀一致，并注意风向及喷雾枪头的方向	8	A	操作完全正确						
			B	喷施方法正确，叶片上药液基本均匀一致						
			C	喷施方法基本正确，叶片上药液基本均匀一致						
			D	喷施方法不正确，叶片上药液基本均匀一致						
			E	差或未答题						

续表

试题代码及名称		1.5.4 农药配制及喷施技术（2 000 倍）			考核时间		30 min		
评价要素		配分	等级	评分细则	评定等级				得分
					A	B	C	D	E	
4	文明操作与安全：操作规范、安全、文明，场地整洁	2	A	操作规范、场地整洁、操作工具摆放安全						
			B	操作规范、场地较整洁、操作工具摆放安全						
			C	操作规范、场地部分不整洁、操作工具摆放安全						
			D	操作规范、场地部分不整洁，且操作工具摆放不安全						
			E	差或未答题						
合计配分		20	合计得分							

等级	A（优）	B（良）	C（及格）	D（较差）	E（差或未答题）
比值	1.0	0.8	0.6	0.2	0

“评价要素”得分＝配分×等级比值。

十一、农药配制及喷施技术（2 500 倍）（试题代码：1.5.5；考核时间：30 min）

1. 试题单

（1）操作条件

1）100 m^2 左右的田间场地，栽有瓜类植物。

2）15 kg 容量的喷雾器、量杯、五种农药（或替代品）、清水、扭力天平等实物。

3）放置实物的操作台。

（2）操作内容

1）把一种粉剂农药配制成药液喷施。

2）药液 5 kg，按 1∶2 500 的比例配制。

3）用量杯量取正确的农药数量。

4）配制后正确均匀地喷施在植株上。

（3）操作要求

1）计算、称量要正确。

2）农药要搅拌得很均匀。

3）喷施农药时要注意风向及喷雾枪头的方向。

4）喷施的雾点要细，各叶片上药液要均匀一致。

2. 评分表

<table>
<tr><td colspan="2">试题代码及名称</td><td colspan="3">1.5.5 农药配制及喷施技术（2 500 倍）</td><td colspan="3">考核时间</td><td colspan="3">30 min</td></tr>
<tr><td colspan="2" rowspan="2">评价要素</td><td rowspan="2">配分</td><td rowspan="2">等级</td><td rowspan="2">评分细则</td><td colspan="5">评定等级</td><td rowspan="2">得分</td></tr>
<tr><td>A</td><td>B</td><td>C</td><td>D</td><td>E</td></tr>
<tr><td rowspan="5">1</td><td rowspan="5">计算、称量：
计算、称量要正确</td><td rowspan="5">6</td><td>A</td><td>完全正确</td><td rowspan="5"></td><td rowspan="5"></td><td rowspan="5"></td><td rowspan="5"></td><td rowspan="5"></td><td rowspan="5"></td></tr>
<tr><td>B</td><td>农药称量误差在 30%以下</td></tr>
<tr><td>C</td><td>农药称量误差在 30%～50%</td></tr>
<tr><td>D</td><td>农药称量误差在 50%以上</td></tr>
<tr><td>E</td><td>差或未答题</td></tr>
<tr><td rowspan="5">2</td><td rowspan="5">溶解搅拌：
农药兑水溶解，并搅拌得很均匀</td><td rowspan="5">4</td><td>A</td><td>能配制母液，达到稀释浓度，搅拌均匀</td><td rowspan="5"></td><td rowspan="5"></td><td rowspan="5"></td><td rowspan="5"></td><td rowspan="5"></td><td rowspan="5"></td></tr>
<tr><td>B</td><td>基本能配制母液，达到稀释浓度，搅拌均匀</td></tr>
<tr><td>C</td><td>基本达到稀释浓度，搅拌基本均匀</td></tr>
<tr><td>D</td><td>达到稀释浓度、搅拌不均匀，或未达到稀释浓度、搅拌均匀</td></tr>
<tr><td>E</td><td>差或未答题</td></tr>
<tr><td rowspan="5">3</td><td rowspan="5">喷施：
喷施的雾点要细，各叶片上药液要均匀一致，并注意风向及喷雾枪头的方向</td><td rowspan="5">8</td><td>A</td><td>操作完全正确</td><td rowspan="5"></td><td rowspan="5"></td><td rowspan="5"></td><td rowspan="5"></td><td rowspan="5"></td><td rowspan="5"></td></tr>
<tr><td>B</td><td>喷施方法正确，叶片上药液基本均匀一致</td></tr>
<tr><td>C</td><td>喷施方法基本正确，叶片上药液基本均匀一致</td></tr>
<tr><td>D</td><td>喷施方法不正确，叶片上药液基本均匀一致</td></tr>
<tr><td>E</td><td>差或未答题</td></tr>
</table>

续表

试题代码及名称		1.5.5 农药配制及喷施技术（2 500 倍）			考核时间		30 min			
评价要素		配分	等级	评分细则	评定等级					得分
					A	B	C	D	E	
4	文明操作与安全：操作规范、安全、文明，场地整洁	2	A	操作规范、场地整洁、操作工具摆放安全						
			B	操作规范、场地较整洁、操作工具摆放安全						
			C	操作规范、场地部分不整洁、操作工具摆放安全						
			D	操作规范、场地部分不整洁，且操作工具摆放不安全						
			E	差或未答题						
合计配分		20	合计得分							

等级	A（优）	B（良）	C（及格）	D（较差）	E（差或未答题）
比值	1.0	0.8	0.6	0.2	0

“评价要素”得分＝配分×等级比值。

西瓜栽培技术

一、西瓜嫁接技术（顶插接法）（试题代码：2.2.1；考核时间：30 min）

1. 试题单

（1）操作条件

1）100 m² 左右操作场地。

2）已育好的接穗和砧木各 20 株。

3）嫁接用品：嫁接小刀、嫁接夹子、嫁接竹签。

4）搭建好的塑料薄膜、小拱棚、遮阳网等物。

5）放置实物或标本的操作台若干。

（2）操作内容

1）接穗和砧木的鉴别。

2）接穗和砧木嫁接的方法与步骤。

3）嫁接后嫁接苗的合理放置。

4）完成 10 株嫁接苗。

（3）操作要求

1）在规定的时间内完成 10 株嫁接苗。

2）嫁接方法规范正确，操作文明、安全，操作场地干净整洁。

2. 评分表

试题代码及名称		2.2.1 西瓜嫁接技术（顶插接法）			考核时间		30 min			
	评价要素	配分	等级	评分细则	评定等级					得分
					A	B	C	D	E	
1	鉴别： 正确鉴别接穗和砧木	8	A	正确鉴别						
			B	基本能鉴别						
			C	经提示，能鉴别						
			D	—						
			E	差或未答题						
2	嫁接方法： 砧木生长点完全去除，嫁接针插入砧木的深度要符合要求，接穗插入砧木后不能摇晃	8	A	技术完全符合要求						
			B	技术基本符合要求						
			C	嫁接损苗在 30%以下						
			D	嫁接损苗在 30%～50%						
			E	差或未答题						
3	放置： 嫁接苗放置在湿润、遮阳、保湿的拱棚内	5	A	符合要求						
			B	—						
			C	基本符合要求						
			D	—						
			E	差或未答题						
4	熟练程度： 规定的时间内完成嫁接苗数量	5	A	全部完成						
			B	完成 70%以上						
			C	完成 50%～70%						
			D	完成 30%～50%						
			E	差或未答题						

续表

试题代码及名称		2.2.1 西瓜嫁接技术（顶插接法）			考核时间			30 min		
评价要素		配分	等级	评分细则	评定等级					得分
					A	B	C	D	E	
5	文明操作与安全：操作规范、安全、文明，场地整洁	4	A	操作规范、场地整洁、操作工具摆放安全						
			B	操作规范、场地较整洁、操作工具摆放安全						
			C	操作规范、场地部分不整洁、操作工具摆放安全						
			D	操作规范、场地部分不整洁，且操作工具摆放不安全						
			E	差或未答题						
合计配分		30	合计得分							

等级	A（优）	B（良）	C（及格）	D（较差）	E（差或未答题）
比值	1.0	0.8	0.6	0.2	0

“评价要素”得分＝配分×等级比值。

二、西瓜常见病虫害（西瓜枯萎病等）识别与防治（试题代码：2.3.1；考核时间：30 min）

1. 试题单

（1）操作条件

1）50 m² 左右的教室或 100 m² 左右操作场地。

2）识别病虫害的实物、照片或放映幻灯片的设备等。

3）放置实物或标本的操作台若干。

（2）操作内容

1）识别西瓜病害 2 种及常用药剂。

2）识别西瓜虫害 2 种及常用药剂。

（3）操作要求

1）根据实物标本、照片或幻灯片回答列出的病害或虫害。

2）根据所回答的病虫害名称指出用何种药剂防治（1～2 种药剂）。

常见西瓜病害：西瓜枯萎病、西瓜白粉病。

常见西瓜虫害：蚜虫、叶螨。

西瓜枯萎病

西瓜白粉病

蚜虫（瓜蚜）

叶螨（红蜘蛛）

2. 评分表

试题代码及名称		2.3.1 西瓜常见病虫害（西瓜枯萎病等）识别与防治			考核时间			30 min		
评价要素		配分	等级	评分细则	评定等级					得分
					A	B	C	D	E	
1	病害识别：识别西瓜病害	10	A	能正确识别其中 2 种病害						
			B	能正确识别其中 1 种病害，经提示识别另外 1 种病害						
			C	能正确识别其中 1 种病害						
			D	经提示识别其中 1 种病害						
			E	差或未答题						

续表

<table>
<tr><td colspan="2">试题代码及名称</td><td colspan="3">2.3.1 西瓜常见病虫害（西瓜枯萎病等）识别与防治</td><td colspan="3">考核时间</td><td colspan="3">30 min</td></tr>
<tr><td colspan="2" rowspan="2">评价要素</td><td rowspan="2">配分</td><td rowspan="2">等级</td><td rowspan="2">评分细则</td><td colspan="5">评定等级</td><td rowspan="2">得分</td></tr>
<tr><td>A</td><td>B</td><td>C</td><td>D</td><td>E</td></tr>
<tr><td rowspan="5">2</td><td rowspan="5">虫害识别：
识别西瓜虫害</td><td rowspan="5">10</td><td>A</td><td>能正确识别其中 2 种虫害</td><td rowspan="5"></td><td rowspan="5"></td><td rowspan="5"></td><td rowspan="5"></td><td rowspan="5"></td><td rowspan="5"></td></tr>
<tr><td>B</td><td>能正确识别其中 1 种虫害，经提示识别另外 1 种虫害</td></tr>
<tr><td>C</td><td>能正确识别其中 1 种虫害</td></tr>
<tr><td>D</td><td>经提示识别其中 1 种虫害</td></tr>
<tr><td>E</td><td>差或未答题</td></tr>
<tr><td rowspan="5">3</td><td rowspan="5">药剂防治：
指出防治每种病害、虫害的药剂名称</td><td rowspan="5">10</td><td>A</td><td>全部正确</td><td rowspan="5"></td><td rowspan="5"></td><td rowspan="5"></td><td rowspan="5"></td><td rowspan="5"></td><td rowspan="5"></td></tr>
<tr><td>B</td><td>有 1 种错误</td></tr>
<tr><td>C</td><td>有 2 种错误</td></tr>
<tr><td>D</td><td>有 3 种错误</td></tr>
<tr><td>E</td><td>差或未答题</td></tr>
<tr><td colspan="2">合计配分</td><td>30</td><td colspan="7">合计得分</td><td></td></tr>
</table>

等级	A（优）	B（良）	C（及格）	D（较差）	E（差或未答题）
比值	1.0	0.8	0.6	0.2	0

“评价要素”得分＝配分×等级比值。

三、西瓜常见病虫害（西瓜炭疽病等）识别与防治（试题代码：2.3.2；考核时间：30 min）

1. 试题单

（1）操作条件

1）50 m^2 左右的教室或 100 m^2 左右操作场地。

2）识别病虫害的实物、照片或放映幻灯片的设备等。

3）放置实物或标本的操作台若干。

（2）操作内容

1）识别西瓜病害 2 种及常用药剂。

2）识别西瓜虫害 2 种及常用药剂。

(3) 操作要求

1) 根据实物标本、照片或幻灯片回答所列出的病害或虫害。

2) 根据所回答的病虫害名称指出用何种药剂防治（1～2 种药剂）。

常见西瓜病害：西瓜炭疽病、西瓜白粉病。

常见西瓜虫害：叶螨、斜纹夜蛾。

西瓜炭疽病

西瓜白粉病

叶螨（红蜘蛛）

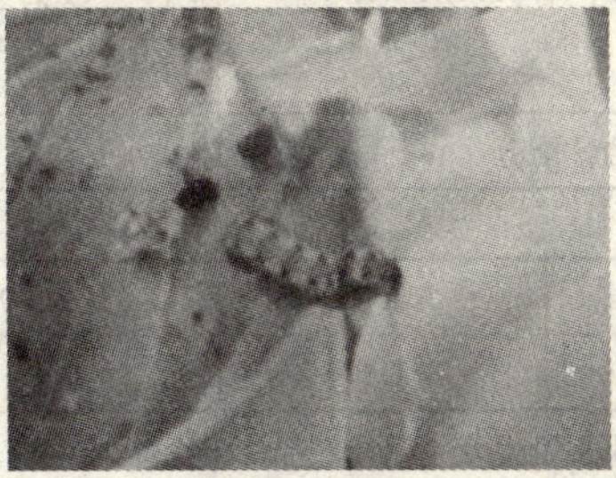

斜纹夜蛾

2. 评分表

<table>
<tr><td colspan="2">试题代码及名称</td><td colspan="3">2.3.2 西瓜常见病虫害（西瓜炭疽病等）识别与防治</td><td colspan="2">考核时间</td><td colspan="4">30 min</td></tr>
<tr><td colspan="2" rowspan="2">评价要素</td><td rowspan="2">配分</td><td rowspan="2">等级</td><td rowspan="2">评分细则</td><td colspan="5">评定等级</td><td rowspan="2">得分</td></tr>
<tr><td>A</td><td>B</td><td>C</td><td>D</td><td>E</td></tr>
<tr><td rowspan="5">1</td><td rowspan="5">病害识别：
识别西瓜病害</td><td rowspan="5">10</td><td>A</td><td>能正确识别其中 2 种病害</td><td rowspan="5"></td><td rowspan="5"></td><td rowspan="5"></td><td rowspan="5"></td><td rowspan="5"></td><td rowspan="5"></td></tr>
<tr><td>B</td><td>能正确识别其中 1 种病害，经提示识别另外 1 种病害</td></tr>
<tr><td>C</td><td>能正确识别其中 1 种病害</td></tr>
<tr><td>D</td><td>经提示识别其中 1 种病害</td></tr>
<tr><td>E</td><td>差或未答题</td></tr>
</table>

续表

试题代码及名称		2.3.2 西瓜常见病虫害（西瓜炭疽病等）识别与防治			考核时间		30 min			
评价要素		配分	等级	评分细则	评定等级					得分
					A	B	C	D	E	
2	虫害识别：识别西瓜虫害	10	A	能正确识别其中 2 种虫害						
			B	能正确识别其中 1 种虫害，经提示识别另外 1 种虫害						
			C	能正确识别其中 1 种虫害						
			D	经提示识别其中 1 种虫害						
			E	差或未答题						
3	药剂防治：指出防治每种病害、虫害的药剂名称	10	A	全部正确						
			B	有 1 种错误						
			C	有 2 种错误						
			D	有 3 种错误						
			E	差或未答题						
合计配分		30	合计得分							

等级	A（优）	B（良）	C（及格）	D（较差）	E（差或未答题）
比值	1.0	0.8	0.6	0.2	0

“评价要素”得分＝配分×等级比值。

四、西瓜常见病虫害（西瓜病毒病等）识别与防治（试题代码：2.3.3；考核时间：30 min）

1. 试题单

（1）操作条件

1）50 m^2 左右的教室或 100 m^2 左右操作场地。

2）识别病虫害的实物、照片或放映幻灯片的设备等。

3）放置实物或标本的操作台若干。

（2）操作内容

1）识别西瓜病害 2 种及常用药剂。

2）识别西瓜虫害 2 种及常用药剂。

（3）操作要求

1）根据实物标本、照片或幻灯片回答所列出的病害或虫害。

2）根据所回答的病虫害名称指出用何种药剂防治（1～2 种药剂）。

常见西瓜病害：西瓜病毒病、西瓜枯萎病。

常见西瓜虫害：瓜螟、烟粉虱。

西瓜病毒病

西瓜枯萎病

瓜螟

烟粉虱

2. 评分表

<table>
<tr><td colspan="2">试题代码及名称</td><td colspan="3">2.3.3 西瓜常见病虫害（西瓜病毒病等）识别与防治</td><td colspan="3">考核时间</td><td colspan="3">30 min</td></tr>
<tr><td colspan="2" rowspan="2">评价要素</td><td rowspan="2">配分</td><td rowspan="2">等级</td><td rowspan="2">评分细则</td><td colspan="5">评定等级</td><td rowspan="2">得分</td></tr>
<tr><td>A</td><td>B</td><td>C</td><td>D</td><td>E</td></tr>
<tr><td rowspan="5">1</td><td rowspan="5">病害识别：
识别西瓜病害</td><td rowspan="5">10</td><td>A</td><td>能正确识别其中 2 种病害</td><td rowspan="5"></td><td rowspan="5"></td><td rowspan="5"></td><td rowspan="5"></td><td rowspan="5"></td><td rowspan="5"></td></tr>
<tr><td>B</td><td>能正确识别其中 1 种病害，经提示识别另外 1 种病害</td></tr>
<tr><td>C</td><td>能正确识别其中 1 种病害</td></tr>
<tr><td>D</td><td>经提示识别其中 1 种病害</td></tr>
<tr><td>E</td><td>差或未答题</td></tr>
</table>

续表

<table>
<tr><td colspan="2" rowspan="1">试题代码及名称</td><td colspan="3">2.3.3 西瓜常见病虫害（西瓜病毒病等）识别与防治</td><td colspan="3">考核时间</td><td colspan="3">30 min</td></tr>
<tr><td colspan="2" rowspan="2">评价要素</td><td rowspan="2">配分</td><td rowspan="2">等级</td><td rowspan="2">评分细则</td><td colspan="5">评定等级</td><td rowspan="2">得分</td></tr>
<tr><td>A</td><td>B</td><td>C</td><td>D</td><td>E</td></tr>
<tr><td rowspan="5">2</td><td rowspan="5">虫害识别：
识别西瓜虫害</td><td rowspan="5">10</td><td>A</td><td>能正确识别其中 2 种虫害</td><td rowspan="5"></td><td rowspan="5"></td><td rowspan="5"></td><td rowspan="5"></td><td rowspan="5"></td><td rowspan="5"></td></tr>
<tr><td>B</td><td>能正确识别其中 1 种虫害，经提示识别另外 1 种虫害</td></tr>
<tr><td>C</td><td>能正确识别其中 1 种虫害</td></tr>
<tr><td>D</td><td>经提示识别其中 1 种虫害</td></tr>
<tr><td>E</td><td>差或未答题</td></tr>
<tr><td rowspan="5">3</td><td rowspan="5">药剂防治：
指出防治每种病害、虫害的药剂名称</td><td rowspan="5">10</td><td>A</td><td>全部正确</td><td rowspan="5"></td><td rowspan="5"></td><td rowspan="5"></td><td rowspan="5"></td><td rowspan="5"></td><td rowspan="5"></td></tr>
<tr><td>B</td><td>有 1 种错误</td></tr>
<tr><td>C</td><td>有 2 种错误</td></tr>
<tr><td>D</td><td>有 3 种错误</td></tr>
<tr><td>E</td><td>差或未答题</td></tr>
<tr><td colspan="2">合计配分</td><td>30</td><td colspan="7">合计得分</td><td></td></tr>
</table>

等级	A（优）	B（良）	C（及格）	D（较差）	E（差或未答题）
比值	1.0	0.8	0.6	0.2	0

"评价要素"得分＝配分×等级比值。

五、西瓜常见病虫害（西瓜白粉病等）识别与防治（试题代码：2.3.4；考核时间：30 min）

1. 试题单

（1）操作条件

1）50 m^2 左右的教室或 100 m^2 左右操作场地。

2）识别病虫害的实物、照片或放映幻灯片的设备等。

3）放置实物或标本的操作台若干。

（2）操作内容

1）识别西瓜病害 2 种及常用药剂。

2）识别西瓜虫害 2 种及常用药剂。

（3）操作要求

1）根据实物标本、照片或幻灯片回答所列出的病害或虫害。

2）根据所回答的病虫害名称指出用何种药剂防治（1～2 种药剂）。

常见西瓜病害：西瓜白粉病、西瓜病毒病。

常见西瓜虫害：蚜虫、美洲斑潜蝇。

西瓜白粉病

西瓜病毒病

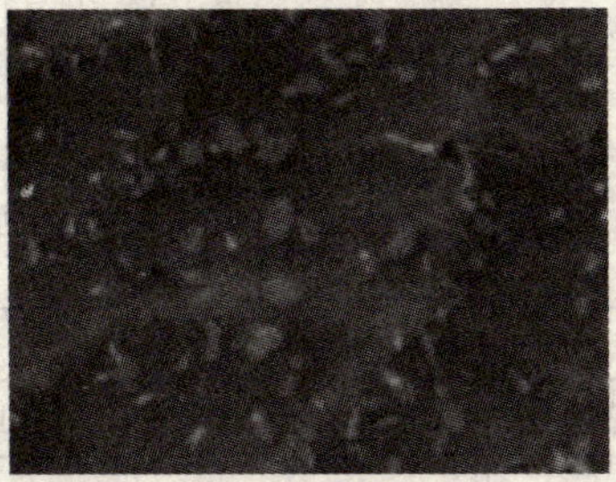

蚜虫（瓜蚜）

美洲斑潜蝇

2. 评分表

<table>
<tr><td colspan="2">试题代码及名称</td><td colspan="3">2.3.4 西瓜常见病虫害（西瓜白粉病等）识别与防治</td><td colspan="3">考核时间</td><td colspan="3">30 min</td></tr>
<tr><td colspan="2" rowspan="2">评价要素</td><td rowspan="2">配分</td><td rowspan="2">等级</td><td rowspan="2">评分细则</td><td colspan="5">评定等级</td><td rowspan="2">得分</td></tr>
<tr><td>A</td><td>B</td><td>C</td><td>D</td><td>E</td></tr>
<tr><td rowspan="5">1</td><td rowspan="5">病害识别：
识别西瓜病害</td><td rowspan="5">10</td><td>A</td><td>能正确识别其中 2 种病害</td><td rowspan="5"></td><td rowspan="5"></td><td rowspan="5"></td><td rowspan="5"></td><td rowspan="5"></td><td rowspan="5"></td></tr>
<tr><td>B</td><td>能正确识别其中 1 种病害，经提示识别另外 1 种病害</td></tr>
<tr><td>C</td><td>能正确识别其中 1 种病害</td></tr>
<tr><td>D</td><td>经提示识别其中 1 种病害</td></tr>
<tr><td>E</td><td>差或未答题</td></tr>
</table>

续表

试题代码及名称		2.3.4 西瓜常见病虫害（西瓜白粉病等）识别与防治			考核时间			30 min		
评价要素		配分	等级	评分细则	评定等级					得分
					A	B	C	D	E	
2	虫害识别： 识别西瓜虫害	10	A	能正确识别其中 2 种虫害						
			B	能正确识别其中 1 种虫害，经提示识别另外 1 种虫害						
			C	能正确识别其中 1 种虫害						
			D	经提示识别其中 1 种虫害						
			E	差或未答题						
3	药剂防治： 指出防治每种病害、虫害的药剂名称	10	A	全部正确						
			B	有 1 种错误						
			C	有 2 种错误						
			D	有 3 种错误						
			E	差或未答题						
合计配分		30		合计得分						

等级	A（优）	B（良）	C（及格）	D（较差）	E（差或未答题）
比值	1.0	0.8	0.6	0.2	0

“评价要素”得分＝配分×等级比值。

六、西瓜常见病虫害（蚜虫等）识别与防治（试题代码：2.3.5；考核时间：30 min）

1. 试题单

（1）操作条件

1）50 m^2 左右的教室或 100 m^2 左右操作场地。

2）识别病虫害的实物、照片或放映幻灯片的设备等。

3）放置实物或标本的操作台若干。

（2）操作内容

1）识别西瓜病害 2 种及常用药剂。

2）识别西瓜虫害 2 种及常用药剂。

（3）操作要求

1）根据实物标本、照片或幻灯片回答所列出的病害或虫害。

2）根据所回答的病虫害名称指出用何种药剂防治（1～2种药剂）。

常见西瓜病害：西瓜病毒病、西瓜炭疽病。

常见西瓜虫害：蚜虫、烟粉虱。

西瓜病毒病

西瓜炭疽病

蚜虫（瓜蚜）

烟粉虱

2. 评分表

试题代码及名称		2.3.5 西瓜常见病虫害（蚜虫等）识别与防治			考核时间			30 min		
评价要素		配分	等级	评分细则	评定等级					得分
					A	B	C	D	E	
1	病害识别：识别西瓜病害	10	A	能正确识别其中2种病害						
			B	能正确识别其中1种病害，经提示识别另外1种病害						
			C	能正确识别其中1种病害						
			D	经提示识别其中1种病害						
			E	差或未答题						

续表

<table>
<tr><td colspan="2">试题代码及名称</td><td colspan="3">2.3.5 西瓜常见病虫害（蚜虫等）识别与防治</td><td colspan="3">考核时间</td><td colspan="3">30 min</td></tr>
<tr><td colspan="2" rowspan="2">评价要素</td><td rowspan="2">配分</td><td rowspan="2">等级</td><td rowspan="2">评分细则</td><td colspan="5">评定等级</td><td rowspan="2">得分</td></tr>
<tr><td>A</td><td>B</td><td>C</td><td>D</td><td>E</td></tr>
<tr><td rowspan="5">2</td><td rowspan="5">虫害识别：
识别西瓜虫害</td><td rowspan="5">10</td><td>A</td><td>能正确识别其中 2 种虫害</td><td rowspan="5"></td><td rowspan="5"></td><td rowspan="5"></td><td rowspan="5"></td><td rowspan="5"></td><td rowspan="5"></td></tr>
<tr><td>B</td><td>能正确识别其中 1 种虫害，经提示识别另外 1 种虫害</td></tr>
<tr><td>C</td><td>能正确识别其中 1 种虫害</td></tr>
<tr><td>D</td><td>经提示识别其中 1 种虫害</td></tr>
<tr><td>E</td><td>差或未答题</td></tr>
<tr><td rowspan="5">3</td><td rowspan="5">药剂防治：
指出防治每种病害、虫害的药剂名称</td><td rowspan="5">10</td><td>A</td><td>全部正确</td><td rowspan="5"></td><td rowspan="5"></td><td rowspan="5"></td><td rowspan="5"></td><td rowspan="5"></td><td rowspan="5"></td></tr>
<tr><td>B</td><td>有 1 种错误</td></tr>
<tr><td>C</td><td>有 2 种错误</td></tr>
<tr><td>D</td><td>有 3 种错误</td></tr>
<tr><td>E</td><td>差或未答题</td></tr>
<tr><td colspan="2">合计配分</td><td>30</td><td colspan="7">合计得分</td><td></td></tr>
</table>

等级	A（优）	B（良）	C（及格）	D（较差）	E（差或未答题）
比值	1.0	0.8	0.6	0.2	0

“评价要素”得分＝配分×等级比值。

七、西瓜常见病虫害（烟粉虱等）识别与防治（试题代码：2.3.6；考核时间：30 min）

1. 试题单

（1）操作条件

1）50 m^2 左右的教室或 100 m^2 左右操作场地。

2）识别病虫害的实物、照片或放映幻灯片的设备等。

3）放置实物或标本的操作台若干。

（2）操作内容

1）识别西瓜病害 2 种及常用药剂。

2）识别西瓜虫害 2 种及常用药剂。

（3）操作要求

1）根据实物标本、照片或幻灯片回答所列出的病害或虫害。

2）根据所回答的病虫害名称指出用何种药剂防治（1～2 种药剂）。

常见西瓜病害：西瓜枯萎病、西瓜炭疽病。

常见西瓜虫害：烟粉虱、美洲斑潜蝇。

西瓜枯萎病

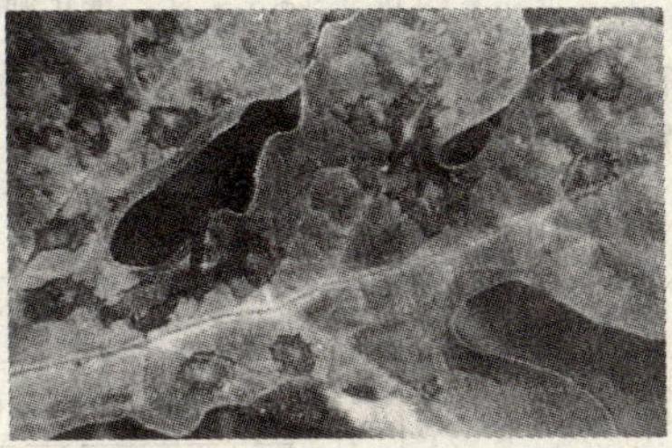

西瓜炭疽病

烟粉虱

美洲斑潜蝇

2. 评分表

试题代码及名称		2.3.6 西瓜常见病虫害（烟粉虱等）识别与防治			考核时间					30 min
评价要素		配分	等级	评分细则	评定等级					得分
					A	B	C	D	E	
1	病害识别：识别西瓜病害	10	A	能正确识别其中 2 种病害						
			B	能正确识别其中 1 种病害，经提示识别另外 1 种病害						
			C	能正确识别其中 1 种病害						
			D	经提示识别其中 1 种病害						
			E	差或未答题						

续表

<table>
<tr><td colspan="2">试题代码及名称</td><td colspan="3">2.3.6 西瓜常见病虫害（烟粉虱等）识别与防治</td><td colspan="3">考核时间</td><td colspan="3">30 min</td></tr>
<tr><td colspan="2" rowspan="2">评价要素</td><td rowspan="2">配分</td><td rowspan="2">等级</td><td rowspan="2">评分细则</td><td colspan="5">评定等级</td><td rowspan="2">得分</td></tr>
<tr><td>A</td><td>B</td><td>C</td><td>D</td><td>E</td></tr>
<tr><td rowspan="5">2</td><td rowspan="5">虫害识别：
识别西瓜虫害</td><td rowspan="5">10</td><td>A</td><td>能正确识别其中 2 种虫害</td><td rowspan="5"></td><td rowspan="5"></td><td rowspan="5"></td><td rowspan="5"></td><td rowspan="5"></td><td rowspan="5"></td></tr>
<tr><td>B</td><td>能正确识别其中 1 种虫害，经提示识别另外 1 种虫害</td></tr>
<tr><td>C</td><td>能正确识别其中 1 种虫害</td></tr>
<tr><td>D</td><td>经提示识别其中 1 种虫害</td></tr>
<tr><td>E</td><td>差或未答题</td></tr>
<tr><td rowspan="5">3</td><td rowspan="5">药剂防治：
指出防治每种病害、虫害的药剂名称</td><td rowspan="5">10</td><td>A</td><td>全部正确</td><td rowspan="5"></td><td rowspan="5"></td><td rowspan="5"></td><td rowspan="5"></td><td rowspan="5"></td><td rowspan="5"></td></tr>
<tr><td>B</td><td>有 1 种错误</td></tr>
<tr><td>C</td><td>有 2 种错误</td></tr>
<tr><td>D</td><td>有 3 种错误</td></tr>
<tr><td>E</td><td>差或未答题</td></tr>
<tr><td colspan="2">合计配分</td><td>30</td><td colspan="7">合计得分</td><td></td></tr>
</table>

等级	A（优）	B（良）	C（及格）	D（较差）	E（差或未答题）
比值	1.0	0.8	0.6	0.2	0

“评价要素”得分＝配分×等级比值。

甜瓜栽培技术

一、甜瓜春季播种育苗（试题代码：3.1.1；考核时间：30 min）

1. 试题单

（1）操作条件

1）50 m^2 左右育苗操作场地。

2）育苗用 8 cm×8 cm 营养钵 50 个。

3）泥炭土、腐熟的有机肥等实物。

4）保湿用地膜。

（2）操作内容

1）按4∶1把细土、有机肥混合成营养土。

2）把营养土装在营养钵内，装钵50个。

3）把已装土的营养钵放置在苗床内。

4）播种，1钵播1颗种子。

5）播后覆盖营养土。

6）在营养钵上盖上薄膜。

（3）操作要求

1）营养土须拌匀。

2）营养钵装营养土须均匀，钵中装土8成满。

3）播种后盖土厚度要适当。

2. 评分表

试题代码及名称		3.1.1甜瓜春季播种育苗			考核时间		30 min			
评价要素		配分	等级	评分细则	评定等级					得分
					A	B	C	D	E	
1	基质配制： 按一定比例把细土、有机肥混等合成营养土	10	A	比例正确，拌和均匀						
			B	比例基本正确，拌和基本均匀						
			C	比例正确、拌和不均匀，或比例不正确、拌和均匀						
			D	比例不正确，拌和不均匀						
			E	未答题						
2	装钵、浇水： 把营养土装在营养钵内，并浇透水	5	A	营养土装钵量、浇水完全正确						
			B	营养土装钵量、浇水基本正确						
			C	营养土装钵量基本正确，浇水不正确						
			D	营养土装钵量不正确，浇水不正确						
			E	未答题						

续表

<table>
<tr><td colspan="2">试题代码及名称</td><td colspan="3">3.1.1 甜瓜春季播种育苗</td><td colspan="3">考核时间</td><td colspan="3">30 min</td></tr>
<tr><td colspan="2" rowspan="2">评价要素</td><td rowspan="2">配分</td><td rowspan="2">等级</td><td rowspan="2">评分细则</td><td colspan="5">评定等级</td><td rowspan="2">得分</td></tr>
<tr><td>A</td><td>B</td><td>C</td><td>D</td><td>E</td></tr>
<tr><td rowspan="5">3</td><td rowspan="5">播种、盖土：
1 钵播 1 颗种子，播后覆盖营养土，在营养钵上盖上薄膜保温</td><td rowspan="5">10</td><td>A</td><td>覆土、盖膜均正确</td><td rowspan="5"></td><td rowspan="5"></td><td rowspan="5"></td><td rowspan="5"></td><td rowspan="5"></td><td rowspan="5"></td></tr>
<tr><td>B</td><td>覆土、盖膜基本正确</td></tr>
<tr><td>C</td><td>覆土基本正确，盖膜不正确</td></tr>
<tr><td>D</td><td>覆土不正确，盖膜不正确</td></tr>
<tr><td>E</td><td>未答题</td></tr>
<tr><td rowspan="5">4</td><td rowspan="5">文明操作与安全：
操作规范、安全、文明，场地整洁</td><td rowspan="5">5</td><td>A</td><td>操作规范、场地整洁、操作工具摆放安全</td><td rowspan="5"></td><td rowspan="5"></td><td rowspan="5"></td><td rowspan="5"></td><td rowspan="5"></td><td rowspan="5"></td></tr>
<tr><td>B</td><td>操作规范、场地较整洁、操作工具摆放安全</td></tr>
<tr><td>C</td><td>操作规范、场地部分不整洁、操作工具摆放安全</td></tr>
<tr><td>D</td><td>操作规范、场地部分不整洁，且操作工具摆放不安全</td></tr>
<tr><td>E</td><td>差或未答题</td></tr>
<tr><td colspan="2">合计配分</td><td>30</td><td colspan="8">合计得分</td></tr>
</table>

等级	A（优）	B（良）	C（及格）	D（较差）	E（差或未答题）
比值	1.0	0.8	0.6	0.2	0

“评价要素”得分＝配分×等级比值。

二、甜瓜夏季育苗技术（试题代码：3.2.1；考核时间：30 min）

1. 试题单

（1）操作条件

1）50 m^2 左右育苗操作场地。

2）育苗用 50 孔穴盘 8 个。

3）泥炭土、蛭石、腐熟的有机肥等实物。

4）保湿用地膜。

（2）操作内容

1）按 2∶2∶1 把泥炭土、蛭石、有机肥混合成营养土。

2）把 8 个育苗用穴盘放置在苗床内。

3）把营养土装在穴盘内并压实。

4）在装好营养土的穴盘中浇透水。

5）播种，1 穴播 1 颗种子。

6）播后覆盖营养土。

7）在穴盘上盖上薄膜。

（3）操作要求

1）穴盘装营养土须均匀，每 1 个穴孔都应装满，然后压实。

2）装好营养土的穴盘中浇水要匀、透。

2. 评分表

<table>
<tr><td colspan="2">试题代码及名称</td><td colspan="3">3.2.1 甜瓜夏季育苗技术</td><td colspan="3">考核时间</td><td colspan="3">30 min</td></tr>
<tr><td colspan="2" rowspan="2">评价要素</td><td rowspan="2">配分</td><td rowspan="2">等级</td><td rowspan="2">评分细则</td><td colspan="5">评定等级</td><td rowspan="2">得分</td></tr>
<tr><td>A</td><td>B</td><td>C</td><td>D</td><td>E</td></tr>
<tr><td rowspan="5">1</td><td rowspan="5">基质配制：
按一定比例把泥炭土、蛭石、有机肥混等合成营养土</td><td rowspan="5">10</td><td>A</td><td>比例正确，拌和均匀</td><td rowspan="5"></td><td rowspan="5"></td><td rowspan="5"></td><td rowspan="5"></td><td rowspan="5"></td><td rowspan="5"></td></tr>
<tr><td>B</td><td>比例基本正确，拌和基本均匀</td></tr>
<tr><td>C</td><td>比例正确、拌和不均匀，或比例不正确、拌和均匀</td></tr>
<tr><td>D</td><td>比例不正确，拌和不均匀</td></tr>
<tr><td>E</td><td>未答题</td></tr>
<tr><td rowspan="5">2</td><td rowspan="5">装穴盘、浇水：
把营养土装在穴盘内并压实，在装好营养土的穴盘中浇透水</td><td rowspan="5">8</td><td>A</td><td>营养土装穴盘量、浇水完全正确</td><td rowspan="5"></td><td rowspan="5"></td><td rowspan="5"></td><td rowspan="5"></td><td rowspan="5"></td><td rowspan="5"></td></tr>
<tr><td>B</td><td>营养土装穴盘量、浇水基本正确</td></tr>
<tr><td>C</td><td>装穴盘量基本正确，浇水不正确</td></tr>
<tr><td>D</td><td>装穴盘量不正确，浇水不正确</td></tr>
<tr><td>E</td><td>未答题</td></tr>
<tr><td rowspan="5">3</td><td rowspan="5">播种、盖土：
1 穴播 1 颗种子，播后覆盖营养土 1 cm 左右，浇少量水，在穴盘上盖上薄膜</td><td rowspan="5">10</td><td>A</td><td>覆土、盖膜均正确</td><td rowspan="5"></td><td rowspan="5"></td><td rowspan="5"></td><td rowspan="5"></td><td rowspan="5"></td><td rowspan="5"></td></tr>
<tr><td>B</td><td>覆土、盖膜基本正确</td></tr>
<tr><td>C</td><td>覆土基本正确，盖膜不正确</td></tr>
<tr><td>D</td><td>覆土不正确，盖膜不正确</td></tr>
<tr><td>E</td><td>未答题</td></tr>
</table>

续表

试题代码及名称		3.2.1 甜瓜夏季育苗技术			考核时间		30 min			
评价要素		配分	等级	评分细则	评定等级					得分
					A	B	C	D	E	
4	文明操作与安全：操作规范、安全、文明，场地整洁	2	A	操作规范、场地整洁、操作工具摆放安全						
			B	操作规范、场地较整洁、操作工具摆放安全						
			C	操作规范、场地部分不整洁、操作工具摆放安全						
			D	操作规范、场地部分不整洁，且操作工具摆放不安全						
			E	差或未答题						
合计配分		30	合计得分							

等级	A（优）	B（良）	C（及格）	D（较差）	E（差或未答题）
比值	1.0	0.8	0.6	0.2	0

“评价要素”得分＝配分×等级比值。

三、甜瓜立架栽培整枝技术（试题代码：3.3.1；考核时间：30 min）

1. 试题单

（1）操作条件

1）1 个标准大棚操作场地。

2）剪刀、绳子和小型喷雾机等实物。

3）1 m 左右的甜瓜植株 30 株。

（2）操作内容

1）从棚上绳子固定处向下引绳子在植株的畦面上。

2）把甜瓜植株沿着绳子向上绕蔓和引蔓。

3）把甜瓜的子蔓（侧枝）全部抹去。

4）整枝后用杀菌剂喷施防病。

5）完成 30 株植株整枝。

（3）操作要求

1）每 1 节瓜蔓都要绕，按同一方向缠绕。

2）每 1 节侧枝都要抹去，整到第 13 节不要抹，作为留果侧枝。

3）过大的侧枝可用消毒过的剪刀剪去。

2. 评分表

试题代码及名称		3.3.1 甜瓜立架栽培整枝技术			考核时间		30 min			
评价要素		配分	等级	评分细则	评定等级					得分
					A	B	C	D	E	
1	绕蔓、引蔓：从棚上绳子固定处向下引绳子在植株的畦面上，把甜瓜植株沿着绳子向上绕蔓和引蔓	8	A	操作正确符合要求						
			B	操作基本符合要求						
			C	50%以上操作符合要求						
			D	20%～50%操作符合要求						
			E	差或未答题						
2	整枝：把甜瓜的子蔓（侧枝）全部抹去，整到一定节位停止	12	A	操作正确符合要求						
			B	操作基本符合要求						
			C	50%以下整枝节位过高或过低						
			D	50%以上整枝节位过高或过低						
			E	差或未答题						
3	熟练程度：规定的时间内完成绕蔓、整枝苗数量	6	A	全部完成						
			B	完成 70%以上						
			C	完成 50%～70%						
			D	完成 30%～50%						
			E	差或未答题						
4	文明操作与安全：操作规范、安全、文明，场地整洁	4	A	操作规范、场地整洁、操作工具摆放安全						
			B	操作规范、场地较整洁、操作工具摆放安全						
			C	操作规范、场地部分不整洁、操作工具摆放安全						
			D	操作规范、场地部分不整洁，且操作工具摆放不安全						
			E	差或未答题						
合计配分		30	合计得分							

等级	A（优）	B（良）	C（及格）	D（较差）	E（差或未答题）
比值	1.0	0.8	0.6	0.2	0

“评价要素”得分＝配分×等级比值。

四、甜瓜常见病虫害（甜瓜蔓枯病等）识别与防治（试题代码：3.4.1；考核时间：30 min）

1. 试题单

（1）操作条件

1）50 m^2 左右的教室或 100 m^2 左右操作场地。

2）识别病虫害的实物、照片或放映幻灯片的设备等。

3）放置实物或标本的操作台若干。

（2）操作内容

1）识别甜瓜病害 2 种及常用药剂。

2）识别甜瓜虫害 2 种及常用药剂。

（3）操作要求

1）根据实物标本、照片或幻灯片回答所列出的病害或虫害。

2）根据所回答的病虫害名称指出用何种药剂防治（1～2 种药剂）。

常见甜瓜病害：甜瓜蔓枯病、甜瓜白粉病。

常见甜瓜虫害：蚜虫、美洲斑潜蝇。

甜瓜蔓枯病

甜瓜白粉病

蚜虫（瓜蚜）

美洲斑潜蝇

2. 评分表

试题代码及名称		3.4.1 甜瓜常见病虫害（甜瓜蔓枯病等）识别与防治			考核时间				30 min	
评价要素		配分	等级	评分细则	评定等级					得分
					A	B	C	D	E	
1	病害识别：识别甜瓜病害	10	A	能正确识别其中 2 种病害						
			B	能正确识别其中 1 种病害，经提示识别另外 1 种病害						
			C	能正确识别其中 1 种病害						
			D	经提示识别其中 1 种病害						
			E	差或未答题						
2	虫害识别：识别甜瓜虫害	10	A	能正确识别其中 2 种虫害						
			B	能正确识别其中 1 种虫害，经提示识别另外 1 种虫害						
			C	能正确识别其中 1 种虫害						
			D	经提示识别其中 1 种虫害						
			E	差或未答题						
3	药剂防治：指出防治每种病害、虫害的药剂名称	10	A	全部正确						
			B	有 1 种错误						
			C	有 2 种错误						
			D	有 3 种错误						
			E	差或未答题						
合计配分		30	合计得分							

等级	A（优）	B（良）	C（及格）	D（较差）	E（差或未答题）
比值	1.0	0.8	0.6	0.2	0

“评价要素”得分＝配分×等级比值。

五、甜瓜常见病虫害（甜瓜病毒病等）识别与防治（试题代码：3.4.2；考核时间：30 min）

1. 试题单

（1）操作条件

1）50 m^2 左右的教室或 100 m^2 左右操作场地。

2）识别病虫害的实物、照片或放映幻灯片的设备等。

3）放置实物或标本的操作台若干。

（2）操作内容

1）识别甜瓜病害 2 种及常用药剂。

2）识别甜瓜虫害 2 种及常用药剂。

（3）操作要求

1）根据实物标本、照片或幻灯片回答所列出的病害或虫害。

2）根据所回答的病虫害名称指出用何种药剂防治（1～2 种药剂）。

常见甜瓜病害：甜瓜病毒病、甜瓜霜霉病。

常见甜瓜虫害：蚜虫、烟粉虱。

甜瓜病毒病

甜瓜霜霉病

蚜虫（瓜蚜）

烟粉虱

2. 评分表

试题代码及名称		3.4.2 甜瓜常见病虫害（甜瓜病毒病等）识别与防治			考核时间			30 min		
评价要素		配分	等级	评分细则	评定等级					得分
					A	B	C	D	E	
1	病害识别：识别甜瓜病害	10	A	能正确识别其中 2 种病害						
			B	能正确识别其中 1 种病害，经提示识别另外 1 种病害						
			C	能正确识别其中 1 种病害						
			D	经提示识别其中 1 种病害						
			E	差或未答题						
2	虫害识别：识别甜瓜虫害	10	A	能正确识别其中 2 种虫害						
			B	能正确识别其中 1 种虫害，经提示识别另外 1 种虫害						
			C	能正确识别其中 1 种虫害						
			D	经提示识别其中 1 种虫害						
			E	差或未答题						
3	药剂防治：指出防治每种病害、虫害的药剂名称	10	A	全部正确						
			B	有 1 种错误						
			C	有 2 种错误						
			D	有 3 种错误						
			E	差或未答题						
合计配分		30	合计得分							

等级	A（优）	B（良）	C（及格）	D（较差）	E（差或未答题）
比值	1.0	0.8	0.6	0.2	0

“评价要素”得分＝配分×等级比值。

六、甜瓜常见病虫害（甜瓜霜霉病等）识别与防治（试题代码：3.4.3；考核时间：30 min）

1. 试题单

（1）操作条件

1）50 m^2 左右的教室或 100 m^2 左右操作场地。

2）识别病虫害的实物、照片或放映幻灯片的设备等。

3）放置实物或标本的操作台若干。

（2）操作内容

1）识别甜瓜病害 2 种及常用药剂。

2）识别甜瓜虫害 2 种及常用药剂。

（3）操作要求

1）根据实物标本、照片或幻灯片回答所列出的病害或虫害。

2）根据所回答的病虫害名称指出用何种药剂防治（1～2 种药剂）。

常见甜瓜病害：甜瓜霜霉病、甜瓜蔓枯病。

常见甜瓜虫害：斜纹夜蛾、烟粉虱。

甜瓜霜霉病

甜瓜蔓枯病

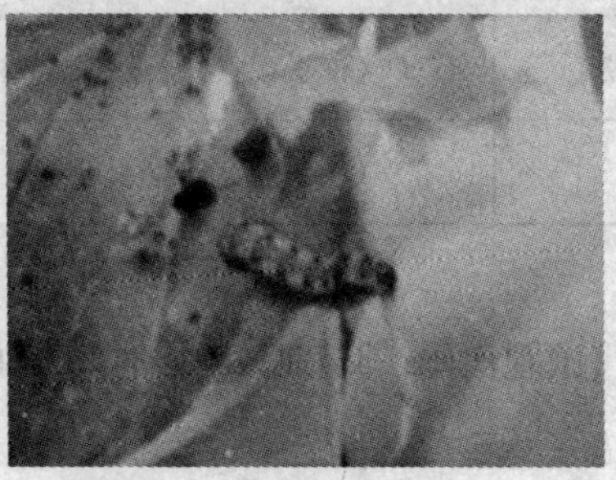

斜纹夜蛾

烟粉虱

2. 评分表

试题代码及名称		3.4.3 甜瓜常见病虫害（甜瓜霜霉病等）识别与防治			考核时间			30 min		
评价要素		配分	等级	评分细则	评定等级					得分
					A	B	C	D	E	
1	病害识别：识别甜瓜病害	10	A	能正确识别其中 2 种病害						
			B	能正确识别其中 1 种病害，经提示识别另外 1 种病害						
			C	能正确识别其中 1 种病害						
			D	经提示识别其中 1 种病害						
			E	差或未答题						
2	虫害识别：识别甜瓜虫害	10	A	能正确识别其中 2 种虫害						
			B	能正确识别其中 1 种虫害，经提示识别另外 1 种虫害						
			C	能正确识别其中 1 种虫害						
			D	经提示识别其中 1 种虫害						
			E	差或未答题						
3	药剂防治：指出防治每种病害、虫害的药剂名称	10	A	全部正确						
			B	有 1 种错误						
			C	有 2 种错误						
			D	有 3 种错误						
			E	差或未答题						
合计配分		30	合计得分							

等级	A（优）	B（良）	C（及格）	D（较差）	E（差或未答题）
比值	1.0	0.8	0.6	0.2	0

“评价要素”得分=配分×等级比值。

七、甜瓜常见病虫害（甜瓜白粉病等）识别与防治（试题代码：3.4.4；考核时间：30 min）

1. 试题单

（1）操作条件

1）50 m^2 左右的教室或 100 m^2 左右操作场地。

2）识别病虫害的实物、照片或放映幻灯片的设备等。

3）放置实物或标本的操作台若干。

（2）操作内容

1）识别甜瓜病害 2 种及常用药剂。

2）识别甜瓜虫害 2 种及常用药剂。

（3）操作要求

1）根据实物标本、照片或幻灯片回答所列出的病害或虫害。

2）根据所回答的病虫害名称指出用何种药剂防治（1～2 种药剂）。

①常见甜瓜病害：甜瓜白粉病、甜瓜细菌性角斑病。

②常见甜瓜虫害：蚜虫、斜纹夜蛾。

甜瓜白粉病

甜瓜细菌性角斑病

蚜虫（瓜蚜）

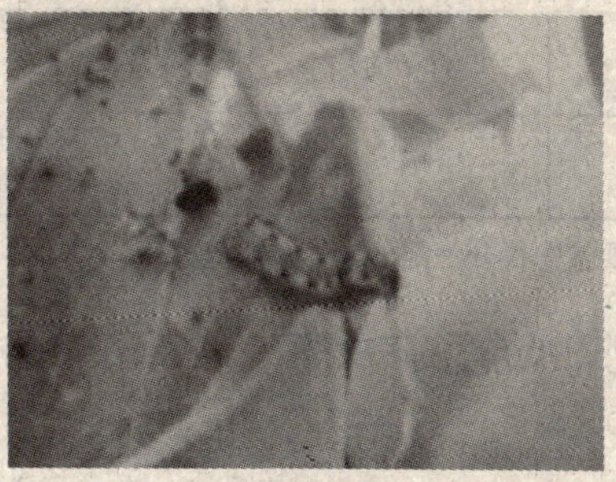

斜纹夜蛾

2. 评分表

<table>
<tr><td colspan="2">试题代码及名称</td><td colspan="3">3.4.4 甜瓜常见病虫害（甜瓜白粉病等）识别与防治</td><td colspan="3">考核时间</td><td colspan="3">30 min</td></tr>
<tr><td colspan="2" rowspan="2">评价要素</td><td rowspan="2">配分</td><td rowspan="2">等级</td><td rowspan="2">评分细则</td><td colspan="5">评定等级</td><td rowspan="2">得分</td></tr>
<tr><td>A</td><td>B</td><td>C</td><td>D</td><td>E</td></tr>
<tr><td rowspan="5">1</td><td rowspan="5">病害识别：
识别甜瓜病害</td><td rowspan="5">10</td><td>A</td><td>能正确识别其中2种病害</td><td rowspan="5"></td><td rowspan="5"></td><td rowspan="5"></td><td rowspan="5"></td><td rowspan="5"></td><td rowspan="5"></td></tr>
<tr><td>B</td><td>能正确识别其中1种病害，经提示识别另外1种病害</td></tr>
<tr><td>C</td><td>能正确识别其中1种病害</td></tr>
<tr><td>D</td><td>经提示识别其中1种病害</td></tr>
<tr><td>E</td><td>差或未答题</td></tr>
<tr><td rowspan="5">2</td><td rowspan="5">虫害识别：
识别甜瓜虫害</td><td rowspan="5">10</td><td>A</td><td>能正确识别其中2种虫害</td><td rowspan="5"></td><td rowspan="5"></td><td rowspan="5"></td><td rowspan="5"></td><td rowspan="5"></td><td rowspan="5"></td></tr>
<tr><td>B</td><td>能正确识别其中1种虫害，经提示识别另外1种虫害</td></tr>
<tr><td>C</td><td>能正确识别其中1种虫害</td></tr>
<tr><td>D</td><td>经提示识别其中1种虫害</td></tr>
<tr><td>E</td><td>差或未答题</td></tr>
<tr><td rowspan="5">3</td><td rowspan="5">药剂防治：
指出防治每种病害、虫害的药剂名称</td><td rowspan="5">10</td><td>A</td><td>全部正确</td><td rowspan="5"></td><td rowspan="5"></td><td rowspan="5"></td><td rowspan="5"></td><td rowspan="5"></td><td rowspan="5"></td></tr>
<tr><td>B</td><td>有1种错误</td></tr>
<tr><td>C</td><td>有2种错误</td></tr>
<tr><td>D</td><td>有3种错误</td></tr>
<tr><td>E</td><td>差或未答题</td></tr>
<tr><td colspan="2">合计配分</td><td>30</td><td colspan="7">合计得分</td><td></td></tr>
</table>

等级	A（优）	B（良）	C（及格）	D（较差）	E（差或未答题）
比值	1.0	0.8	0.6	0.2	0

“评价要素”得分＝配分×等级比值。

八、甜瓜常见病虫害（美洲斑潜蝇等）识别与防治（试题代码：3.4.5；考核时间：30 min）

1. 试题单

（1）操作条件

1）50 m^2 左右的教室或 100 m^2 左右操作场地。

2）识别病虫害的实物、照片或放映幻灯片的设备等。

3）放置实物或标本的操作台若干。

（2）操作内容

1）识别甜瓜病害 2 种及常用药剂。

2）识别甜瓜虫害 2 种及常用药剂。

（3）操作要求

1）根据实物标本、照片或幻灯片回答所列出的病害或虫害。

2）根据所回答的病虫害名称指出用何种药剂防治（1～2 种药剂）。

常见甜瓜病害：甜瓜白粉病、甜瓜霜霉病。

常见甜瓜虫害：美洲斑潜蝇、斜纹夜蛾。

甜瓜白粉病

甜瓜霜霉病

美洲斑潜蝇

斜纹夜蛾

2. 评分表

试题代码及名称		3.4.5甜瓜常见病虫害（美洲斑潜蝇等）识别与防治			考核时间			30 min		
评价要素		配分	等级	评分细则	评定等级					得分
					A	B	C	D	E	
1	病害识别：识别甜瓜病害	10	A	能正确识别其中2种病害						
			B	能正确识别其中1种病害，经提示识别另外1种病害						
			C	能正确识别其中1种病害						
			D	经提示识别其中1种病害						
			E	差或未答题						
2	虫害识别：识别甜瓜虫害	10	A	能正确识别其中2种虫害						
			B	能正确识别其中1种虫害，经提示识别另外1种虫害						
			C	能正确识别其中1种虫害						
			D	经提示识别其中1种虫害						
			E	差或未答题						
3	药剂防治：指出防治每种病害、虫害的药剂名称	10	A	全部正确						
			B	有1种错误						
			C	有2种错误						
			D	有3种错误						
			E	差或未答题						
合计配分		30	合计得分							

等级	A（优）	B（良）	C（及格）	D（较差）	E（差或未答题）
比值	1.0	0.8	0.6	0.2	0

“评价要素”得分=配分×等级比值。

九、甜瓜常见病虫害（烟粉虱等）识别与防治（试题代码：3.4.6；考核时间：30 min）

1. 试题单

（1）操作条件

1）50 m^2 左右的教室或 100 m^2 左右操作场地。

2）识别病虫害的实物、照片或放映幻灯片的设备等。

3）放置实物或标本的操作台若干。

（2）操作内容

1）识别甜瓜病害 2 种及常用药剂。

2）识别甜瓜虫害 2 种及常用药剂。

（3）操作要求

1）根据实物标本、照片或幻灯片回答所列出的病害或虫害。

2）根据所回答的病虫害名称指出用何种药剂防治（1～2 种药剂）。

常见甜瓜病害：甜瓜蔓枯病、甜瓜霜霉病。

常见甜瓜虫害：烟粉虱、美洲斑潜蝇。

甜瓜蔓枯病

甜瓜霜霉病

烟粉虱

美洲斑潜蝇

2. 评分表

试题代码及名称		3.4.6 甜瓜常见病虫害（烟粉虱等）识别与防治			考核时间		30 min			
评价要素		配分	等级	评分细则	评定等级					得分
					A	B	C	D	E	
1	病害识别：识别甜瓜病害	10	A	能正确识别其中2种病害						
			B	能正确识别其中1种病害，经提示识别另外1种病害						
			C	能正确识别其中1种病害						
			D	经提示识别其中1种病害						
			E	差或未答题						
2	虫害识别：识别甜瓜虫害	10	A	能正确识别其中2种虫害						
			B	能正确识别其中1种虫害，经提示识别另外1种虫害						
			C	能正确识别其中1种虫害						
			D	经提示识别其中1种虫害						
			E	差或未答题						
3	药剂防治：指出防治每种病害、虫害的药剂名称	10	A	全部正确						
			B	有1种错误						
			C	有2种错误						
			D	有3种错误						
			E	差或未答题						
合计配分		30	合计得分							

等级	A（优）	B（良）	C（及格）	D（较差）	E（差或未答题）
比值	1.0	0.8	0.6	0.2	0

“评价要素”得分＝配分×等级比值。

草莓栽培技术

一、草莓育苗方法 1（苗床地准备）（试题代码：4.1.1；考核时间：30 min）

1. 试题单

（1）操作条件

1）20 m^2 左右育苗操作场地。

2）锹、耙锄等工具。

3）腐熟有机肥、过磷酸钙等肥料。

（2）操作内容

1）按每亩施有机肥 2 000 kg，过磷酸钙 50 kg 计施入育苗床地中。

2）充分翻耕，把肥料与土拌混均匀。

3）肥苗床土整平、整细，作畦备用。

（3）操作要求

1）施肥量要基本正确。

2）翻耕要深，土、肥拌混要匀。

3）苗床要整平、整细。

2. 评分表

试题代码及名称		4.1.1 草莓育苗方法 1（苗床地准备）			考核时间	30 min				
评价要素		配分	等级	评分细则	评定等级					得分
					A	B	C	D	E	
1	施肥： 按比例按量施肥	6	A	完全正确						
			B	正确						
			C	基本正确						
			D	误差较大						
			E	差或未答题						

续表

试题代码及名称		4.1.1 草莓育苗方法 1（苗床地准备）			考核时间				30 min	
评价要素		配分	等级	评分细则	评定等级					得分
					A	B	C	D	E	
2	拌混： 翻耕把肥料与床土拌混均匀	12	A	肥、土完全均匀						
			B	肥、土较均匀						
			C	基本均匀						
			D	不够均匀						
			E	差或未答题						
3	作畦： 床土整平、整细、作畦	12	A	床土平、细，畦直						
			B	床土平、细，畦较直						
			C	床土平、细一般，畦较直						
			D	床土不平，畦直一般						
			E	差或未答题						
合计配分		30		合计得分						

等级	A（优）	B（良）	C（及格）	D（较差）	E（差或未答题）
比值	1.0	0.8	0.6	0.2	0

“评价要素”得分＝配分×等级比值。

二、草莓育苗方法 2（移苗与浇水）（试题代码：4.1.2；考核时间：30 min）

1. 试题单

（1）操作条件

1）20 m^2 左右育苗操作场地。

2）锹、耙锄、壶等工具。

3）已经施肥、作畦的地块。

（2）操作内容

1）根据株行距种植草莓幼苗。

2）浇水、遮阳。

（3）操作要求

1）株行距要正确。

2）移栽深度要正确。

3）浇水要均匀，浇透。

4）覆盖好遮阳网。

2. 评分表

试题代码及名称				4.1.2 草莓育苗方法 2（移苗与浇水）	考核时间		30 min			
评价要素		配分	等级	评分细则	评定等级					得分
					A	B	C	D	E	
1	行株距： 按行株距种草莓苗	10	A	完全正确						
			B	正确						
			C	基本正确						
			D	误差较大						
			E	差或未答题						
2	移苗深度： 移苗深度要适当	10	A	全部正确						
			B	20％以下草莓苗过深或过浅移苗						
			C	20％～50％草莓苗过深或过浅移苗						
			D	50％以上草莓苗过深或过浅移苗						
			E	差或未答题						
3	浇水： 浇水要匀透	10	A	浇水匀透，不冲倒幼苗						
			B	浇水匀透，有冲倒幼苗现象						
			C	浇水匀透一般，有冲倒幼苗现象						
			D	浇水不匀，有冲倒幼苗现象						
			E	差或未答题						
合计配分		30		合计得分						

等级	A（优）	B（良）	C（及格）	D（较差）	E（差或未答题）
比值	1.0	0.8	0.6	0.2	0

“评价要素”得分＝配分×等级比值。

三、观察花芽分化方法（试题代码：4.2.1；考核时间：30 min）

1. 试题单

(1) 操作条件

1) 20 m^2 左右的教室或操作场地。

2) 高倍解剖镜1台，尖头镊子、解剖针各2根。

3) 已进入花芽分化的草莓苗5棵。

(2) 操作内容

1) 在实验室解剖镜边逐片剥去草莓外叶。

2) 观察草莓苗生长点的花芽。

(3) 操作要求

1) 细心逐片剥去外叶，露出生长点，至少有1棵成功。

2) 观察到生长点，能判断草莓花芽是否分化。

2. 评分表

<table>
<tr><td colspan="2">试题代码及名称</td><td colspan="3">4.2.1 观察花芽分化的方法</td><td colspan="3">考核时间</td><td colspan="3">30 min</td></tr>
<tr><td colspan="2" rowspan="2">评价要素</td><td rowspan="2">配分</td><td rowspan="2">等级</td><td rowspan="2">评分细则</td><td colspan="5">评定等级</td><td rowspan="2">得分</td></tr>
<tr><td>A</td><td>B</td><td>C</td><td>D</td><td>E</td></tr>
<tr><td rowspan="5">1</td><td rowspan="5">解剖：
解剖草莓苗茎尖，露出生长点</td><td rowspan="5">15</td><td>A</td><td>解剖成功2棵以上（含2棵）</td><td rowspan="5"></td><td rowspan="5"></td><td rowspan="5"></td><td rowspan="5"></td><td rowspan="5"></td><td rowspan="5"></td></tr>
<tr><td>B</td><td>解剖成功1棵</td></tr>
<tr><td>C</td><td>基本能解剖成功1棵</td></tr>
<tr><td>D</td><td>基本能解剖</td></tr>
<tr><td>E</td><td>差或未答题</td></tr>
<tr><td rowspan="5">2</td><td rowspan="5">观察：
观察茎尖生长点的花芽分化</td><td rowspan="5">15</td><td>A</td><td>能清晰地看到花芽</td><td rowspan="5"></td><td rowspan="5"></td><td rowspan="5"></td><td rowspan="5"></td><td rowspan="5"></td><td rowspan="5"></td></tr>
<tr><td>B</td><td>较清晰地看到花芽</td></tr>
<tr><td>C</td><td>基本能看到花芽</td></tr>
<tr><td>D</td><td>基本能看到花芽，但较模糊</td></tr>
<tr><td>E</td><td>差或未答题</td></tr>
<tr><td colspan="2">合计配分</td><td>30</td><td colspan="7">合计得分</td><td></td></tr>
</table>

等级	A（优）	B（良）	C（及格）	D（较差）	E（差或未答题）
比值	1.0	0.8	0.6	0.2	0

“评价要素”得分＝配分×等级比值。

四、草莓的定植1（定植前的土地准备）（试题代码：4.3.1；考核时间：30 min）

1. 试题单

（1）操作条件

1）50 m^2 左右的大棚操作场地。

2）锹、耙锄等工具。

3）腐熟有机肥、过磷酸钙或氮、磷、钾复合化肥。

（2）操作内容

1）按每亩 2 000 kg 有机肥、50 kg 过磷酸钙，或 60 kg 氮、磷、钾复合肥，计算 0.2 亩面积的施肥量。

2）作畦。

（3）操作要求

1）施肥量基本正确。

2）作畦要基本做到齐直、土细、平整。

2. 评分表

<table>
<tr><td colspan="2">试题代码及名称</td><td colspan="3">4.3.1 草莓的定植 1（定植前的土地准备）</td><td colspan="3">考核时间</td><td colspan="3">30 min</td></tr>
<tr><td colspan="2" rowspan="2">评价要素</td><td rowspan="2">配分</td><td rowspan="2">等级</td><td rowspan="2">评分细则</td><td colspan="5">评定等级</td><td rowspan="2">得分</td></tr>
<tr><td>A</td><td>B</td><td>C</td><td>D</td><td>E</td></tr>
<tr><td rowspan="5">1</td><td rowspan="5">施肥：
按比例、数量施肥料</td><td rowspan="5">15</td><td>A</td><td>完全正确</td><td rowspan="5"></td><td rowspan="5"></td><td rowspan="5"></td><td rowspan="5"></td><td rowspan="5"></td><td rowspan="5"></td></tr>
<tr><td>B</td><td>基本正确</td></tr>
<tr><td>C</td><td>误差较小</td></tr>
<tr><td>D</td><td>误差较大</td></tr>
<tr><td>E</td><td>差或未答题</td></tr>
<tr><td rowspan="5">2</td><td rowspan="5">作畦：
翻耕作畦，畦直、土细、畦面呈龟背状</td><td rowspan="5">15</td><td>A</td><td>畦直、土细、畦面呈龟背状 3 项全部达到要求</td><td rowspan="5"></td><td rowspan="5"></td><td rowspan="5"></td><td rowspan="5"></td><td rowspan="5"></td><td rowspan="5"></td></tr>
<tr><td>B</td><td>畦直、土细、畦面呈龟背状中有 3 项基本达到要求</td></tr>
<tr><td>C</td><td>畦直、土细，畦面呈龟背状中有 2 项达到要求</td></tr>
<tr><td>D</td><td>畦直、土细，畦面呈龟背状中有 1 项达到要求</td></tr>
<tr><td>E</td><td>差或未答题</td></tr>
<tr><td colspan="2">合计配分</td><td>30</td><td colspan="7">合计得分</td><td></td></tr>
</table>

等级	A（优）	B（良）	C（及格）	D（较差）	E（差或未答题）
比值	1.0	0.8	0.6	0.2	0

“评价要素”得分＝配分×等级比值。

五、草莓的定植2（种植）（试题代码：4.3.2；考核时间：30 min）

1. 试题单

（1）操作条件

1）50 m^2 左右的大棚操作场地。

2）已经施肥作畦备用的土地。

3）定植刀、绳、尺、细竹竿等工具。

（2）操作内容

1）确定行株距（密度）。

2）种植。

3）种植后浇水或灌水。

（3）操作要求

1）种植行、株距基本正确。

2）种植深度要适宜，过浅过深株不超20%。

3）浇水要均匀，浇透，不使泥土灌苗心。

2. 评分表

试题代码及名称		4.3.2 草莓的定植2（种植）			考核时间		30 min			
评价要素		配分	等级	评分细则	评定等级					得分
					A	B	C	D	E	
1	确定行株距：按行株距种植	6	A	完全正确						
			B	基本正确						
			C	误差较小						
			D	误差较大						
			E	差或未答题						

续表

<table>
<tr><td colspan="2">试题代码及名称</td><td colspan="3">4.3.2 草莓的定植 2（种植）</td><td colspan="3">考核时间</td><td colspan="3">30 min</td></tr>
<tr><td colspan="2" rowspan="2">评价要素</td><td rowspan="2">配分</td><td rowspan="2">等级</td><td rowspan="2">评分细则</td><td colspan="5">评定等级</td><td rowspan="2">得分</td></tr>
<tr><td>A</td><td>B</td><td>C</td><td>D</td><td>E</td></tr>
<tr><td rowspan="5">2</td><td rowspan="5">定植：
按深度要求种植</td><td rowspan="5">12</td><td>A</td><td>全部正确</td><td rowspan="5"></td><td rowspan="5"></td><td rowspan="5"></td><td rowspan="5"></td><td rowspan="5"></td><td rowspan="5"></td></tr>
<tr><td>B</td><td>20%以下不正确</td></tr>
<tr><td>C</td><td>20%～50%正确</td></tr>
<tr><td>D</td><td>50%以上不正确</td></tr>
<tr><td>E</td><td>差或未答题</td></tr>
<tr><td rowspan="5">3</td><td rowspan="5">浇水：
要求浇匀，浇透，不使泥土灌心</td><td rowspan="5">12</td><td>A</td><td>浇匀，浇透，不使泥土灌心</td><td rowspan="5"></td><td rowspan="5"></td><td rowspan="5"></td><td rowspan="5"></td><td rowspan="5"></td><td rowspan="5"></td></tr>
<tr><td>B</td><td>浇匀，浇透，有泥土灌心现象</td></tr>
<tr><td>C</td><td>浇匀，浇不透，有泥土灌心现象</td></tr>
<tr><td>D</td><td>浇不匀，浇不透，有泥土灌心现象</td></tr>
<tr><td>E</td><td>未答题</td></tr>
<tr><td colspan="2">合计配分</td><td>30</td><td colspan="7">合计得分</td><td></td></tr>
</table>

等级	A（优）	B（良）	C（及格）	D（较差）	E（差或未答题）
比值	1.0	0.8	0.6	0.2	0

“评价要素”得分＝配分×等级比值。

六、草莓常见病虫害（白粉病等）识别与防治（试题代码：4.4.1；考核时间：30 min）

1. 试题单

（1）操作条件

1）50 m² 左右的教室或操作场地。

2）识别病虫害的实物、照片或放映幻灯片的设备等。

3）放置实物或标本的操作台。

（2）操作内容

1）识别草莓病害 2 种及常用药剂。

2）识别草莓虫害 2 种及常用药剂。

（3）操作要求

1）根据实物标本、照片或幻灯片回答所列出的病害或虫害。

2）根据所回答的病虫害名称指出用何种药剂防治（1～2 种药剂）。

常见草莓病害：草莓白粉病、草莓炭疽病。

常见草莓虫害：斜纹夜蛾、叶螨。

草莓白粉病

草莓炭疽病

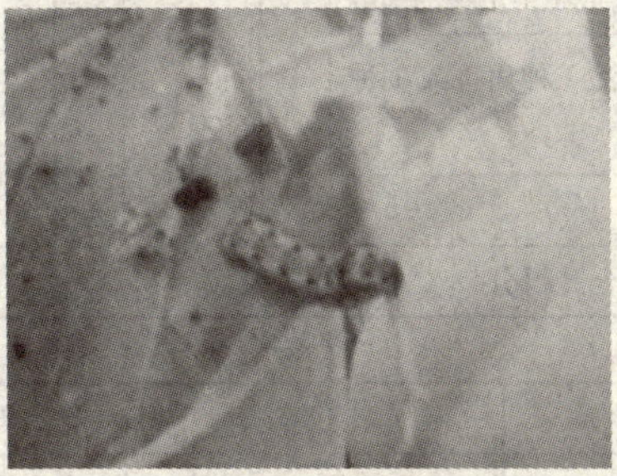

斜纹夜蛾

叶螨（红蜘蛛）

2. 评分表

试题代码及名称		4.4.1 草莓常见病虫害（白粉病等）识别与防治			考核时间			30 min		
评价要素		配分	等级	评分细则	评定等级					得分
					A	B	C	D	E	
1	病害识别：正确识别草莓病害	10	A	能正确识别其中 2 种病害						
			B	能正确识别其中 1 种病害，经提示识别另外 1 种病害						
			C	能正确识别其中 1 种病害						
			D	经提示识别其中 1 种病害						
			E	差或未答题						

续表

试题代码及名称		4.4.1 草莓常见病虫害（白粉病等）识别与防治			考核时间			30 min		
评价要素		配分	等级	评分细则	评定等级					得分
					A	B	C	D	E	
2	虫害识别： 正确识别草莓虫害	10	A	能正确识别其中 2 种虫害						
			B	能正确识别其中 1 种虫害，经提示识别另外 1 种虫害						
			C	能正确识别其中 1 种虫害						
			D	经提示识别其中 1 种虫害						
			E	差或未答题						
3	药剂防治： 指出防治每种病害、虫害的药剂名称	10	A	能正确指出防治病害、虫害各 2 种的药剂						
			B	能正确指出防治病害、虫害各 1 种的药剂						
			C	能正确指出防治 1 种病害或 1 种虫害的药剂						
			D	经提示，能正确指出防治 1 种病害或 1 种虫害的药剂						
			E	差或未答题						
合计配分		30	合计得分							

等级	A（优）	B（良）	C（及格）	D（较差）	E（差或未答题）
比值	1.0	0.8	0.6	0.2	0

“评价要素”得分＝配分×等级比值。

七、草莓常见病虫害（炭疽病等）识别与防治（试题代码：4.4.2；考核时间：30 min）

1. 试题单

（1）操作条件

1）50 m^2 左右的教室或操作场地。

2）识别病虫害的实物、照片或放映幻灯片的设备等。

3）放置实物或标本的操作台。

（2）操作内容

1）识别草莓病害 2 种及常用药剂。

2）识别草莓虫害 2 种及常用药剂。

(3) 操作要求

1) 根据实物标本、照片或幻灯片回答所列出的病害或虫害。

2) 根据所回答的病虫害名称指出用何种药剂防治（1～2 种药剂）。

常见草莓病害：草莓炭疽病、灰霉病。

常见草莓虫害：蚜虫、小地老虎。

草莓炭疽病

草莓灰霉病

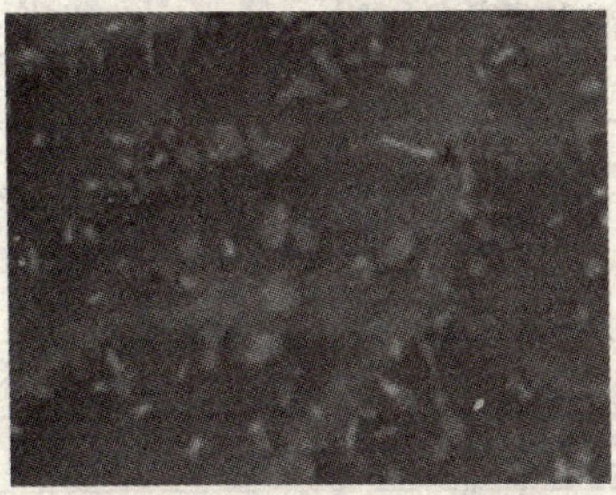

蚜虫

小地老虎

2. 评分表

试题代码及名称		4.4.2 草莓常见病虫害（炭疽病等）识别与防治			考核时间			30 min		
评价要素		配分	等级	评分细则	评定等级					得分
					A	B	C	D	E	
1	病害识别：正确识别草莓病害	10	A	能正确识别其中 2 种病害						
			B	能正确识别其中 1 种病害，经提示识别另外 1 种病害						
			C	能正确识别其中 1 种病害						
			D	经提示识别其中 1 种病害						
			E	差或未答题						

续表

试题代码及名称		4.4.2 草莓常见病虫害（炭疽病等）识别与防治		考核时间	30 min			
评价要素	配分	等级	评分细则	评定等级					得分
				A	B	C	D	E	
2	虫害识别： 正确识别草莓虫害	10	A	能正确识别其中 2 种虫害						
			B	能正确识别其中 1 种虫害，经提示识别另外 1 种虫害						
			C	能正确识别其中 1 种虫害						
			D	经提示识别其中 1 种虫害						
			E	差或未答题						
3	药剂防治： 指出防治每种病害、虫害的药剂名称	10	A	能正确指出防治病害、虫害各 2 种的药剂						
			B	能正确指出防治病害、虫害各 1 种的药剂						
			C	能正确指出防治 1 种病害或 1 种虫害的药剂						
			D	经提示，能正确指出防治 1 种病害或 1 种虫害的药剂						
			E	差或未答题						
合计配分		30	合计得分							

等级	A（优）	B（良）	C（及格）	D（较差）	E（差或未答题）
比值	1.0	0.8	0.6	0.2	0

“评价要素”得分＝配分×等级比值。

八、草莓常见病虫害（根腐病等）识别与防治（试题代码：4.4.3；考核时间：30 min）

1. 试题单

（1）操作条件

1）50 m^2 左右的教室或操作场地。

2）识别病虫害的实物、照片或放映幻灯片的设备等。

3）放置实物或标本的操作台。

（2）操作内容

1）识别草莓病害 2 种及常用药剂。

2）识别草莓虫害 2 种及常用药剂。

(3) 操作要求

1) 根据实物标本、照片或幻灯片回答所列出的病害或虫害。

2) 根据所回答的病虫害名称指出用何种药剂防治（1～2 种药剂）。

常见草莓病害：草莓根腐病、草莓白粉病。

常见草莓虫害：蚜虫、斜纹夜蛾。

草莓根腐病

草莓白粉病

蚜虫

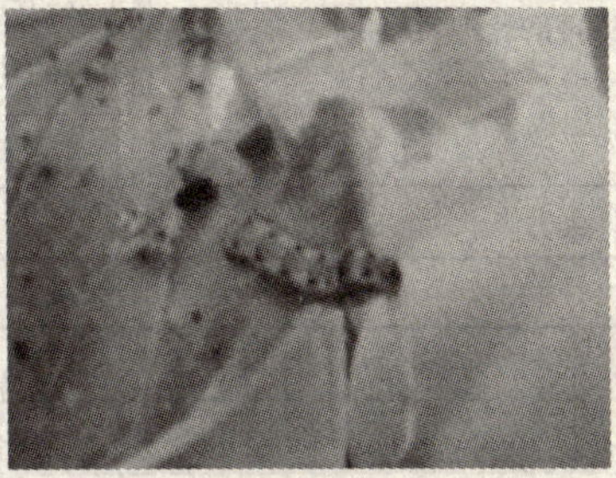

斜纹夜蛾

2. 评分表

试题代码及名称		4.4.3 草莓常见病虫害（根腐病等）识别与防治			考核时间		30 min			
评价要素		配分	等级	评分细则	评定等级					得分
					A	B	C	D	E	
1	病害识别：正确识别草莓病害	10	A	能正确识别其中 2 种病害						
			B	能正确识别其中 1 种病害，经提示识别另外 1 种病害						
			C	能正确识别其中 1 种病害						
			D	经提示识别其中 1 种病害						
			E	差或未答题						

续表

试题代码及名称		4.4.3 草莓常见病虫害（根腐病等）识别与防治			考核时间			30 min		
评价要素		配分	等级	评分细则	评定等级					得分
					A	B	C	D	E	
2	虫害识别： 正确识别草莓虫害	10	A	能正确识别其中 2 种虫害						
			B	能正确识别其中 1 种虫害，经提示识别另外 1 种虫害						
			C	能正确识别其中 1 种虫害						
			D	经提示识别其中 1 种虫害						
			E	差或未答题						
3	药剂防治： 指出防治每种病害、虫害的药剂名称	10	A	能正确指出防治病害、虫害各 2 种的药剂						
			B	能正确指出防治病害、虫害各 1 种的药剂						
			C	能正确指出防治 1 种病害或 1 种虫害的药剂						
			D	经提示，能正确指出防治 1 种病害或 1 种虫害的药剂						
			E	差或未答题						
合计配分		30	合计得分							

等级	A（优）	B（良）	C（及格）	D（较差）	E（差或未答题）
比值	1.0	0.8	0.6	0.2	0

“评价要素”得分＝配分×等级比值。

九、草莓常见病虫害（灰霉病等）识别与防治（试题代码：4.4.4；考核时间：30 min）

1. 试题单

（1）操作条件

1）50 m^2 左右的教室或操作场地。

2）识别病虫害的实物、照片或放映幻灯片的设备等。

3）放置实物或标本的操作台。

（2）操作内容

1）识别草莓病害 2 种及常用药剂。

2）识别草莓虫害 2 种及常用药剂。

（3）操作要求

1）根据实物标本、照片或幻灯片回答所列出的病害或虫害。

2）根据所回答的病虫害名称指出用何种药剂防治（1～2 种药剂）。

常见草莓病害：草莓灰霉病、草莓白粉病。

常见草莓虫害：叶螨、蚜虫。

草莓灰霉病

草莓白粉病

叶螨（红蜘蛛）

蚜虫

2. 评分表

试题代码及名称		4.4.4 草莓常见病虫害（灰霉病等）识别与防治			考核时间		30 min			
评价要素		配分	等级	评分细则	评定等级					得分
					A	B	C	D	E	
1	病害识别： 正确识别草莓病害	10	A	能正确识别其中 2 种病害						
			B	能正确识别其中 1 种病害，经提示识别另外 1 种病害						
			C	能正确识别其中 1 种病害						
			D	经提示识别其中 1 种病害						
			E	差或未答题						

续表

<table>
<tr><td colspan="2">试题代码及名称</td><td colspan="3">4.4.4 草莓常见病虫害（灰霉病等）识别与防治</td><td colspan="3">考核时间</td><td colspan="4">30 min</td></tr>
<tr><td colspan="2" rowspan="2">评价要素</td><td rowspan="2">配分</td><td rowspan="2">等级</td><td rowspan="2">评分细则</td><td colspan="5">评定等级</td><td rowspan="2" colspan="2">得分</td></tr>
<tr><td>A</td><td>B</td><td>C</td><td>D</td><td>E</td></tr>
<tr><td rowspan="5">2</td><td rowspan="5">虫害识别：
正确识别草莓虫害</td><td rowspan="5">10</td><td>A</td><td>能正确识别其中 2 种虫害</td><td rowspan="5"></td><td rowspan="5"></td><td rowspan="5"></td><td rowspan="5"></td><td rowspan="5"></td><td rowspan="5" colspan="2"></td></tr>
<tr><td>B</td><td>能正确识别其中 1 种虫害，经提示识别另外 1 种虫害</td></tr>
<tr><td>C</td><td>能正确识别其中 1 种虫害</td></tr>
<tr><td>D</td><td>经提示识别其中 1 种虫害</td></tr>
<tr><td>E</td><td>差或未答题</td></tr>
<tr><td rowspan="5">3</td><td rowspan="5">药剂防治：
指出防治每种病害、虫害的药剂名称</td><td rowspan="5">10</td><td>A</td><td>能正确指出防治病害、虫害各 2 种的药剂</td><td rowspan="5"></td><td rowspan="5"></td><td rowspan="5"></td><td rowspan="5"></td><td rowspan="5"></td><td rowspan="5" colspan="2"></td></tr>
<tr><td>B</td><td>能正确指出防治病害、虫害各 1 种的药剂</td></tr>
<tr><td>C</td><td>能正确指出防治 1 种病害或 1 种虫害的药剂</td></tr>
<tr><td>D</td><td>经提示，能正确指出防治 1 种病害或 1 种虫害的药剂</td></tr>
<tr><td>E</td><td>差或未答题</td></tr>
<tr><td colspan="2">合计配分</td><td>30</td><td colspan="7">合计得分</td><td colspan="2"></td></tr>
</table>

等级	A（优）	B（良）	C（及格）	D（较差）	E（差或未答题）
比值	1.0	0.8	0.6	0.2	0

“评价要素”得分＝配分×等级比值。

第3部分

操作技能考核模拟试卷

注　意　事　项

1. 考生根据操作技能考核通知单中所列的试题做好考核准备。

2. 请考生仔细阅读试题单中具体考核内容和要求，并按要求完成操作或进行笔答或口答，若有笔答请考生在答题卷上完成。

3. 操作技能考核时要遵守考场纪律，服从考场管理人员指挥，以保证考核安全顺利进行。

注：操作技能鉴定试题评分表及答案是考评员对考生考核过程及考核结果的评分记录表，也是评分依据。

国家职业资格鉴定

瓜果栽培工（五级）操作技能考核通知单

姓名：

准考证号：

考核日期：

试题 1

试题代码：1.1.1。

试题名称：春季苗床的制作。

考核时间：30 min。

配分：20 分。

试题 2

试题代码：1.5.1。

试题名称：农药配制及喷施技术（500 倍）。

考核时间：30 min。

配分：20 分。

试题 3

试题代码：2.1.1。

试题名称：西瓜整枝技术。

考核时间：30 min。

配分：30 分。

试题 4

试题代码：4.3.3。

试题名称：草莓的定植 3（草莓苗种植方向）。

考核时间：30 min。

配分：30 分。

瓜果栽培工（五级）操作技能鉴定

试　题　单

试题代码：1.1.1。

试题名称：春季苗床的制作。

考核时间：30 min。

1. 操作条件

（1）30～50 m^2 的田间（保护地设）操作场地。

（2）钉耙、铁锹等必要农具。

（3）布线用电加温线等实物。

2. 操作内容

（1）1 000 W 的电加温线布线。

（2）制作可放置 2 000 个营养钵左右的苗床。

（3）自行计算苗床的宽度、长度和电加温线间距离。

（4）布线后覆盖细土。

3. 操作要求

（1）苗床要整平；电加温线在苗床内两侧宜布得稍密些，两线间距为 6～8 cm；中间稍稀些，两线间距为 8～10 cm。

（2）布线要达到用电安全要求。

（3）电加温线上覆盖的细土要均匀。

瓜果栽培工（五级）操作技能鉴定

试题评分表

考生姓名：　　　　　　　　准考证号：

<table>
<tr><td colspan="2">试题代码及名称</td><td colspan="3">1.1.1 春季苗床的制作</td><td colspan="3">考核时间</td><td colspan="3">30 min</td></tr>
<tr><td colspan="2" rowspan="2">评价要素</td><td rowspan="2">配分</td><td rowspan="2">等级</td><td rowspan="2">评分细则</td><td colspan="5">评定等级</td><td rowspan="2">得分</td></tr>
<tr><td>A</td><td>B</td><td>C</td><td>D</td><td>E</td></tr>
<tr><td rowspan="5">1</td><td rowspan="5">苗床整理：
苗床要整平、干净</td><td rowspan="5">3</td><td>A</td><td>苗床平整、干净</td><td rowspan="5"></td><td rowspan="5"></td><td rowspan="5"></td><td rowspan="5"></td><td rowspan="5"></td><td rowspan="5"></td></tr>
<tr><td>B</td><td>苗床较平整、干净</td></tr>
<tr><td>C</td><td>苗床平整度一般、干净</td></tr>
<tr><td>D</td><td>苗床平整度一般、不干净</td></tr>
<tr><td>E</td><td>差或未答题</td></tr>
<tr><td rowspan="5">2</td><td rowspan="5">布线：
电加温线在苗床内两侧宜布得稍密些，两线间距为 6～8 cm；中间稍稀些，两线间距为 8～10 cm，且布线要达到用电安全要求</td><td rowspan="5">7</td><td>A</td><td>布线全部正确，两线间距符合要求，且布线直、牢固</td><td rowspan="5"></td><td rowspan="5"></td><td rowspan="5"></td><td rowspan="5"></td><td rowspan="5"></td><td rowspan="5"></td></tr>
<tr><td>B</td><td>布线基本正确</td></tr>
<tr><td>C</td><td>两线间距符合要求，但布线不直或不牢固</td></tr>
<tr><td>D</td><td>布线一般，且电加温线或接电线有打结现象</td></tr>
<tr><td>E</td><td>差或未答题</td></tr>
<tr><td rowspan="5">3</td><td rowspan="5">覆细土：
电加温线上覆盖的细土要均匀</td><td rowspan="5">7</td><td>A</td><td>覆盖土厚薄均匀，覆土厚薄适当</td><td rowspan="5"></td><td rowspan="5"></td><td rowspan="5"></td><td rowspan="5"></td><td rowspan="5"></td><td rowspan="5"></td></tr>
<tr><td>B</td><td>覆盖土厚薄基本均匀，覆土厚薄适当</td></tr>
<tr><td>C</td><td>覆盖土厚薄基本均匀，但覆土过多或过少</td></tr>
<tr><td>D</td><td>覆盖土大部分不均匀，且覆土过多或过少</td></tr>
<tr><td>E</td><td>差或未答题</td></tr>
<tr><td rowspan="3">4</td><td rowspan="3">文明操作与安全：
操作规范、安全、文明，场地整洁</td><td rowspan="3">3</td><td>A</td><td>操作规范、场地整洁、操作工具摆放安全</td><td rowspan="3"></td><td rowspan="3"></td><td rowspan="3"></td><td rowspan="3"></td><td rowspan="3"></td><td rowspan="3"></td></tr>
<tr><td>B</td><td>操作规范、场地较整洁、操作工具摆放安全</td></tr>
<tr><td>C</td><td>操作规范、场地部分不整洁、操作工具摆放安全</td></tr>
</table>

续表

<table>
<tr><td colspan="2">试题代码及名称</td><td colspan="3">1.1.1 春季苗床的制作</td><td colspan="3">考核时间</td><td colspan="3">30 min</td></tr>
<tr><td colspan="2" rowspan="2">评价要素</td><td rowspan="2">配分</td><td rowspan="2">等级</td><td rowspan="2">评分细则</td><td colspan="5">评定等级</td><td rowspan="2">得分</td></tr>
<tr><td>A</td><td>B</td><td>C</td><td>D</td><td>E</td></tr>
<tr><td rowspan="2">4</td><td rowspan="2">文明操作与安全：操作规范、安全、文明，场地整洁</td><td rowspan="2">3</td><td>D</td><td>操作规范、场地部分不整洁，且操作工具摆放不安全</td><td rowspan="2"></td><td rowspan="2"></td><td rowspan="2"></td><td rowspan="2"></td><td rowspan="2"></td><td rowspan="2"></td></tr>
<tr><td>E</td><td>差或未答题</td></tr>
<tr><td colspan="2">合计配分</td><td>20</td><td colspan="7">合计得分</td><td></td></tr>
</table>

考评员（签名）：

等级	A（优）	B（良）	C（及格）	D（较差）	E（差或未答题）
比值	1.0	0.8	0.6	0.2	0

“评价要素”得分＝配分×等级比值。

瓜果栽培工（五级）操作技能鉴定

试 题 单

试题代码：1.5.1。

试题名称：农药配制及喷施技术（500倍）。

考核时间：30 min。

1. 操作条件

（1）100 m^2 左右的田间场地，栽有瓜类植物。

（2）15 kg 容量的喷雾器、量杯、五种农药（或替代品）、清水、扭力天平等实物。

（3）放置实物的操作台。

2. 操作内容

（1）把一种粉剂农药配制成药液喷施。

（2）药液 5 kg，按 1∶500 的比例配制。

（3）用天平量取正确的农药数量。

（4）配制后正确均匀地喷施在植株上。

3. 操作要求

（1）计算、称量要正确。

（2）农药要搅拌得很均匀。

（3）喷施农药时要注意风向及喷雾枪头的方向。

（4）喷施的雾点要细，各叶片上药液要均匀一致。

瓜果栽培工（五级）操作技能鉴定

试题评分表

考生姓名：　　　　　　　准考证号：

试题代码及名称		1.5.1 农药配制及喷施技术（500 倍）			考核时间		30 min			
	评价要素	配分	等级	评分细则	评定等级					得分
					A	B	C	D	E	
1	计算、称量： 计算、称量要正确	6	A	完全正确						
			B	农药称量误差在 30%以下						
			C	农药称量误差在 30%～50%						
			D	农药称量误差在 50%以上						
			E	差或未答题						
2	溶解搅拌： 农药兑水溶解，并搅拌得很均匀	4	A	能配制母液，达到稀释浓度，搅拌均匀						
			B	基本能配制母液，达到稀释浓度，搅拌均匀						
			C	基本达到稀释浓度，搅拌基本均匀						
			D	达到稀释浓度、搅拌不均匀，或未达到稀释浓度、搅拌均匀						
			E	差或未答题						
3	喷施： 喷施的雾点要细，各叶片上药液要均匀一致，并注意风向及喷雾枪头的方向	8	A	操作完全正确						
			B	喷施方法正确，叶片上药液基本均匀一致						
			C	喷施方法基本正确，叶片上药液基本均匀一致						
			D	喷施方法不正确，叶片上药液基本均匀一致						
			E	差或未答题						
4	文明操作与安全： 操作规范、安全、文明，场地整洁	2	A	操作规范、场地整洁、操作工具摆放安全						
			B	操作规范、场地较整洁、操作工具摆放安全						

续表

试题代码及名称		1.5.1 农药配制及喷施技术（500倍）			考核时间				30 min	
评价要素		配分	等级	评分细则	评定等级					得分
					A	B	C	D	E	
4	文明操作与安全：操作规范、安全、文明，场地整洁	2	C	操作规范、场地部分不整洁、操作工具摆放安全						
			D	操作规范、场地部分不整洁，且操作工具摆放不安全						
			E	差或未答题						
合计配分		20		合计得分						

考评员（签名）：

等级	A（优）	B（良）	C（及格）	D（较差）	E（差或未答题）
比值	1.0	0.8	0.6	0.2	0

“评价要素”得分＝配分×等级比值。

瓜果栽培工（五级）操作技能鉴定

试　题　单

试题代码：2.1.1。

试题名称：西瓜整枝技术。

考核时间：30 min。

1. 操作条件

（1）1 个标准大棚操作场地。

（2）剪刀、小型喷雾机等实物。

（3）1 m 左右的西瓜植株 50 株。

2. 操作内容

（1）挑选 1 个主蔓、1 个侧蔓留着结瓜蔓，其余的侧枝剪去。

（2）整枝后用杀菌剂喷施防病。

（3）完成 20 株。

3. 操作要求

（1）除了主蔓外，挑选 1 条最粗大的侧蔓（结瓜蔓）留下。

（2）结瓜蔓上的每 1 节侧枝都要抹去。

（3）过大的侧枝可用消毒过的剪刀剪去。

（4）用土块压蔓时，不能碰伤瓜蔓。

瓜果栽培工（五级）操作技能鉴定

评分表

考生姓名：　　　　　　　　　准考证号：

<table>
<tr><td colspan="2">试题代码及名称</td><td colspan="3">2.1.1 西瓜整枝技术</td><td colspan="3">考核时间</td><td colspan="3">30 min</td></tr>
<tr><td colspan="2" rowspan="2">评价要素</td><td rowspan="2">配分</td><td rowspan="2">等级</td><td rowspan="2">评分细则</td><td colspan="5">评定等级</td><td rowspan="2">得分</td></tr>
<tr><td>A</td><td>B</td><td>C</td><td>D</td><td>E</td></tr>
<tr><td rowspan="5">1</td><td rowspan="5">整枝方法：
留主蔓外，挑选1条最粗大的侧蔓留下，结瓜蔓上的侧枝都要抹去</td><td rowspan="5">15</td><td>A</td><td>操作正确符合要求</td><td rowspan="5"></td><td rowspan="5"></td><td rowspan="5"></td><td rowspan="5"></td><td rowspan="5"></td><td rowspan="5"></td></tr>
<tr><td>B</td><td>操作基本符合要求</td></tr>
<tr><td>C</td><td>50%以上操作符合要求</td></tr>
<tr><td>D</td><td>20%～50%操作符合要求</td></tr>
<tr><td>E</td><td>差或未答题</td></tr>
<tr><td rowspan="5">2</td><td rowspan="5">熟练程度：
在规定的时间内完成全部整枝压蔓操作</td><td rowspan="5">10</td><td>A</td><td>全部完成</td><td rowspan="5"></td><td rowspan="5"></td><td rowspan="5"></td><td rowspan="5"></td><td rowspan="5"></td><td rowspan="5"></td></tr>
<tr><td>B</td><td>完成70%以上</td></tr>
<tr><td>C</td><td>完成50%～70%</td></tr>
<tr><td>D</td><td>完成20%～50%</td></tr>
<tr><td>E</td><td>差或未答题</td></tr>
<tr><td rowspan="5">3</td><td rowspan="5">文明操作与安全：
操作规范、安全、文明，场地整洁</td><td rowspan="5">5</td><td>A</td><td>操作规范、场地整洁、操作工具摆放安全</td><td rowspan="5"></td><td rowspan="5"></td><td rowspan="5"></td><td rowspan="5"></td><td rowspan="5"></td><td rowspan="5"></td></tr>
<tr><td>B</td><td>操作规范、场地较整洁、操作工具摆放安全</td></tr>
<tr><td>C</td><td>操作规范、场地部分不整洁、操作工具摆放安全</td></tr>
<tr><td>D</td><td>操作规范、场地部分不整洁，且操作工具摆放不安全</td></tr>
<tr><td>E</td><td>差或未答题</td></tr>
<tr><td colspan="2">合计配分</td><td>30</td><td colspan="7">合计得分</td><td></td></tr>
</table>

考评员（签名）：

等级	A（优）	B（良）	C（及格）	D（较差）	E（差或未答题）
比值	1.0	0.8	0.6	0.2	0

“评价要素”得分＝配分×等级比值。

瓜果栽培工（五级）操作技能鉴定

试　题　单

试题代码：4.3.3。

试题名称：草莓的定植3（草莓苗种植方向）。

考核时间：30 min。

1. 操作条件

（1）50 m^2 左右的大棚操作场地。

（2）已经施肥作畦备用的土地。

（3）定植刀、绳、尺、细竹竿等工具。

2. 操作内容

（1）看草莓苗的匍匐茎方向。

（2）按上述要求进行定向种植。

3. 操作要求

（1）要求草莓苗定向正确。

（2）定向正确率85%以上。

瓜果栽培工（五级）操作技能鉴定

评分表

考生姓名：　　　　　　　　准考证号：

<table>
<tr><td>试题代码及名称</td><td colspan="3">4.3.3 草莓的定植 3（草莓苗种植方向）</td><td colspan="3">考核时间</td><td colspan="3">30 min</td></tr>
<tr><td rowspan="2">评价要素</td><td rowspan="2">配分</td><td rowspan="2">等级</td><td rowspan="2">评分细则</td><td colspan="5">评定等级</td><td rowspan="2">得分</td></tr>
<tr><td>A</td><td>B</td><td>C</td><td>D</td><td>E</td></tr>
<tr><td rowspan="5">定植方向：
苗的定植方向是否正确</td><td rowspan="5">30</td><td>A</td><td>完全正确</td><td rowspan="5"></td><td rowspan="5"></td><td rowspan="5"></td><td rowspan="5"></td><td rowspan="5"></td><td rowspan="5"></td></tr>
<tr><td>B</td><td>基本正确</td></tr>
<tr><td>C</td><td>误差较小</td></tr>
<tr><td>D</td><td>误差较大</td></tr>
<tr><td>E</td><td>差或未答题</td></tr>
<tr><td>合计配分</td><td>30</td><td colspan="7">合计得分</td><td></td></tr>
</table>

考评员（签名）：

等级	A（优）	B（良）	C（及格）	D（较差）	E（差或未答题）
比值	1.0	0.8	0.6	0.2	0

“评价要素”得分＝配分×等级比值。